河北省社科基金项目（HB：13JJ049）

华北理工大学学术著作出版基金资助出版

基于低碳经济视角下河北省
排污权交易的改革与实践

孙凤芹　　朱洪瑞　　王广凤　　著

U0285512

哈尔滨工程大学出版社

Harbin Engineering University Press

内 容 简 介

本书是作者多年对低碳经济、排污权交易、循环经济、资源型城市转型等领域研究的成果,内容涉及低碳经济发展的理论和河北省排污权交易实践两部分。第一篇为低碳经济理论与实践,重点探讨了影响低碳经济发展的影响因素、低碳产业竞争力、低碳经济背景下区域主导产业的选择路径及产业体系的构建等问题。第二篇主要从实践的角度探讨了排污权交易体系的框架结构、排污权交易中厂商行为及其效应、国内外典型地区排污权交易的经验与启示、河北省排污权交易的实践、河北省排污权交易制度体系的优化及河北省排污权交易体系建设的政策措施等。本书内容涉及面较宽、见解深刻、符合实际情况,具有一定的指导性和可操作性。

本书适用于低碳经济方面的教师和学生扩展性阅读与学习,也可供研究低碳经济的学者参考使用。

图书在版编目(CIP)数据

基于低碳经济视角下河北省排污权交易的改革与实践/孙凤芹,朱洪瑞,王广凤著. —哈尔滨:哈尔滨工程大学出版社,2019.12
　　ISBN 978 - 7 - 5661 - 1949 - 0

　　Ⅰ.①基…　Ⅱ.①孙…　②朱…　③王…　Ⅲ.①排污交易—研究—河北　Ⅳ.①X196

中国版本图书馆 CIP 数据核字(2018)第 102058 号

选题策划　　刘凯元
责任编辑　　刘凯元
封面设计　　博鑫设计

出版发行　哈尔滨工程大学出版社
社　　址　哈尔滨市南岗区南通大街 145 号
邮政编码　150001
发行电话　0451 - 82519328
传　　真　0451 - 82519699
经　　销　新华书店
印　　刷　北京中石油彩色印刷有限责任公司
开　　本　787 mm×1 092 mm　1/16
印　　张　11.5
字　　数　285 千字
版　　次　2019 年 12 月第 1 版
印　　次　2019 年 12 月第 1 次印刷
定　　价　48.00 元
http://www.hrbeupress.com
E-mail:heupress@ hrbeu.edu.cn

前　言

经过改革开放近四十年的发展,中国经济总量跃居到世界第二位,产业结构也由传统的农业大国转变为工业大国,"中国制造"已不再局限于国内市场,中国工业企业生产的产品已遍布全世界各个角落。伴随着我国工业经济比重的持续上升,也带来了一系列的资源与环境问题,传统的石化能源面临枯竭,温室效应、环境污染、雾霾天气频繁出现,这些问题尽管与人口增长、消费习惯等居民因素有关,但更多取决于工业产业结构。

低碳经济是在工业经济面临转型,工业制造由粗放型向集约型转变过程中提出的一个概念。发展低碳经济是中国的必然选择:一方面中国在几次世界环境大会(《哥本哈根协议》《京都议定书》等)中曾郑重承诺过,对温室气体排放和环境进行治理,外部环境压力也促使我国必须减少碳排放;另一方面,发展低碳经济也有助于我国传统工业产业的转型升级,从依靠能源驱动型、高污染型向技术驱动型和绿色生产转变。因此,中国发展低碳经济与中国的产业结构调整特别是工业产业结构调整是密不可分的,工业产业结构优化有助于降低碳排放,而低碳经济也能加速产业结构优化。我国为提高环保政策落实效率,更好地控制污染,已开始了广泛的排污权试点工作。2015年,中共十八届五中全会审议通过了"第十三个五年规划",明确了未来5年生态环境保护将渗透到经济社会发展的各个方面,绿色发展上升为党和国家的意志,正式成为党和国家的执政理念,国家将以提高环境质量为核心,实行最严格的环境保护制度,具体措施包括建立健全用能权、用水权、排污权、碳排放初始分配制度等。

河北省地处京津冀地区,原煤、石油、天然气等自然资源比较丰富。近年来,河北省工业发展较快,整体来看已处于工业化中期阶段,但是工业化发展也带来能源消耗量快速上升,可见河北省并没有摆脱粗放式的经济增长方式,高能耗的产业格局没有得到根本改变。在这种形势下,河北省政府采取了深化污染源深度治理、开展节能减排"双三十"工程等措施,但这些环境管理制度还存在一定的缺陷,缺少参与社会经济发展综合决策的手段;环境管理的成本往往比较大;制度的实施效率低下,公平性有待提高。与传统的环境质量管理制度相比,排污权交易制度具有优化资源配置和节省费用、促进公平与效率统一,以及有利于企业的利己行为等功能。因此研究河北省低碳经济下的工业结构调整,以经济政策为特征探讨排污权交易制度的安排显得更为必要,也是本书关注的重点:一方面,厘清了低碳发展的内涵,从理论上分别对低碳发展的影响因素、低碳产业竞争力评价模型、低碳经济背景下区域主导产业的选择进行了研究和探讨,从而对河北省碳排放、能源消费与经济增长进行了实证研究,给出了低碳背景下河北省现代产业体系的构建对策;另一方面,介绍了排污权交易的相关理论,分别研究了排污权交易体系的框架结构、排污权交易中厂商行为及其效应,总结了国内外典型地区排污权交易的经验与启示及河北省排污权交易的实践,进而对河北省排污权交易制度体系进行了优化,提出了河北省排污权交易体系建设的政策措施。

本书是由华北理工大学孙凤芹、朱洪瑞、王广凤老师综合多年在低碳经济、排污权交易、循环经济、资源型城市转型等领域进行研究的基础上完成的。本书引用了大量国内外相关文献的研究理论,同时在本书的撰写过程中,刘家顺、吴红霞和李忠华等均给予了支持和指导,在此一并表示感谢。

著 者

2018 年 1 月

目　　录

第一篇 低碳经济理论与实践

本篇简介

自从 2003 年英国政府能源白皮书《我们能源的未来：创建低碳经济》首次提出低碳经济概念后，低碳经济便开始受到国内外理论界、产业界和政治界的广泛关注。

本篇基于结构方程模型对低碳发展的影响因素进行了分析，构建了基于时空多维大数据流的低碳产业竞争力评价模型，对河北省碳排放、能源消费与经济增长进行了实证研究，并探讨了在低碳经济背景下进行区域主导产业的选择路径及产业体系的构建等问题。

第一章 低碳经济内涵的
界定及国内外研究概述

第一节 低碳发展的内涵

一、国外学者的相关研究

低碳经济的概念是全球气候变暖、环境状况恶化在人类思想界所产生的一种反映。虽然人们普遍认为现有的低碳经济概念最早来自 2003 年英国政府发表的能源白皮书《我们能源的未来:创建低碳经济》,但事实上早在 1998 年 Kinzig 的有关向低碳经济转型的相关文献就已经开始阐述这个问题。但当时可能是因为金融危机的影响,也可能是因为《京都议定书》签署之后弥漫的乐观情绪,他的研究成果并没有引起重视。随着美国拒绝签署《京都议定书》,以及国与国之间协调困难的逐步显现,碳减排又重新成为普遍关注的焦点,正是在这一背景下,英国政府的能源白皮书才又一次引起了普遍的关注。不过这种关注是在政策层面上的,虽然英国在这篇报告中详细地阐述了英国低碳经济发展的目标,但并没有明确解释和说明究竟何为低碳经济,学术界对低碳经济也存在诸多争论,因此这个时期低碳经济更多的只是一种政策导向。

国外关于低碳经济的认识和理解的典型观点如下:美国著名学者莱斯特·布朗提出的能源经济革命论是低碳经济思想的早期探索。莱斯特·布朗认为:面对地球温室化的威胁,要尽快从以化石燃料为核心的经济,转变为以太阳、氢能为核心的经济。英国的《我们能源的未来:创建低碳经济》指出,低碳经济是通过更少的自然资源消耗和更少的环境污染,获得更多的经济产出;低碳经济是创造更高的生活标准和更好的生活质量的途径和机会,也为发展、应用和输出先进技术创造了机会,同时也能创造新的商机和更多的就业机会。

二、国内学者的相关研究

随着对低碳经济研究的深入,国内学者对低碳经济开始有了更多的认识和理解。例如,庄贵阳将低碳经济视为一种旨在实现控制温室气体排放、在经济社会发展水平和"碳生产力"达到某个特定状态下才能实现的经济形态。潘家华也认为低碳经济是一种特定的经济形态,是在农业经济和工业经济之后更为高级的经济形态。这种类似的研究有很多,多着重于对低碳经济的本质界定和特征描述。当然,低碳经济的内涵还包括更多的制度性因素。庄贵阳、何建坤、付允等认为,低碳经济的核心是能源技术创新和制度创新,在不影响经济和社会发展的前提下,通过技术创新和制度创新,可以最大限度地减少温室气体排放,从而减缓全球气候变暖,实现经济和社会的清洁发展与可持续发展。正如英国环境学家鲁宾斯特所言,作为一种正在兴起的经济模式,低碳经济并不排斥市场经济,相反应该是在其基础之上,依靠适当的制度安排和相关政策,综合运用诸如能源节约技术、温室气体减排技术、能效提高技术及能源再生利用技术等推进社会经济整体增长的同时实现低能耗、低排放的目标。

我们认为,低碳经济是一种以低能耗、低污染、低排放为特点的发展模式,是以应对气候变化、保障能源安全、促进经济社会可持续发展有机结合为目的的规制世界发展格局的新规则。其实质是提高能源利用效率和创建清洁能源结构,发展低碳技术、产品和服务,确保经济稳定增长的同时消减温室气体的排放量。其核心是能源的高效率和洁净的能源结构,其关键是技术创新和制度创新。

第二节　低碳发展的特征

低碳经济具有经济性、技术性和目标性三大特征。

一、经济性

经济性包含两层含义:一是低碳经济应按照市场经济的原则和机制来发展;二是低碳经济的发展不应导致人们的生活条件和福利水平明显下降。也就是说,既反对奢侈或能源浪费型的消费,又必须使人民生活水平不断提高。

二、技术性

技术性是通过技术进步,在提高能源效率的同时,降低 CO_2 等温室气体的排放强度。前者要求在消耗同样能源的条件下人们享受到的能源服务不降低;后者要求在排放同等温室气体情况下人们的生活条件和福利水平不降低。这两个"不降低"需要通过能效技术和温室气体减排技术的研发和产业化来实现。

三、目标性

发展低碳经济的目标是将大气中温室气体的浓度保持在一个相对稳定的水平,不至于带来全球气温上升影响人类的生存和发展,从而实现人与自然的和谐发展。

第三节　低碳发展的目标

无论是从理论还是现实来讲,低碳经济的发展都不可避免地要面对与经济增长的矛盾。但事实上这种矛盾并非不可解决,发达国家的实践已经说明通过对经济增长方式的改造和转变,有经济增长和减排同时实现的可能,即所谓的"脱钩"。在目前的理论研究中,有相当数量的实证研究都显示经济增长和资源消耗之间有非常明确的正相关关系。但是这种关系并非是一成不变的。通常,在一国工业化和现代化发展的初期,由于工业技术水平较低、采用粗放的增长模式,经济总量的增长必然带来大量的资源消耗和极高的碳排放;但是当工业化达到某个特定阶段之后,经济增长与资源消耗和碳排放之间的关系会逐渐弱化,经济增长率与碳排放数量的正相关关系会不断模糊,甚至二者有可能呈现相反变动的趋势。换言之,如果我们从一个超长期的视角来看,经济增长与碳排放之间可能会经历一个先递增、后递减，然后没有关联的历史过程，即所谓的"倒 U 形"路径或者"环境库兹涅茨曲线"。

从发达国家的工业化历史和现实来看，至少从碳排放的地域统计数据来看，这种发展模式是可实现的。因此，国际上通常将经济增长和碳排放之间不同步变化的关系称为"脱钩"。当然，脱钩也有很多具体的情况。例如，如果经济增长率与 CO_2 排放之间呈现较为不同变化的情况，则认为该经济体中已经出现了脱钩现象；如果经济增长率开始略高于 CO_2 排放的增长率，则可以称为相对脱钩；如果经济增长的同时 CO_2 的排放增长率不增反减，那么则可以称为绝对脱钩。从对脱钩的观点来看，实现经济增长、解决气候问题及降低碳排放的根本途径就在于实现脱钩，切断 CO_2 排放与经济增长的关联。

但是，必须特别声明的是，仅仅从发达国家的视角来考虑这一问题是非常不恰当的。由于第二次世界大战后国际经济交往的日益加深，生产、分工和消费已经跨越了国界。发达国家现在实现的低碳排放发展模式事实上并不是完全真实的，由于产业转移，很多高碳排放的产业或者生产环节都已经转移到发展中国家，发达国家国内所保留的往往是低碳排放的产业或环节。如果根据消费产品的实际归属来计算碳排放量，发达国家现有的发展模式仍然没有真正地实现低碳经济。

关于脱钩，有至少两点需要特别强调。首先，脱钩是一个长期乃至超长期的过程。如果充分考虑工业化的历程，在没有外在因素干扰的情况下，脱钩的整个历程或许要数百年之久。尽管中国可以凭借后发优势极大地缩短这一进程，但是随着工业化的推进，后发优势将不断缩小，发展低碳经济实现脱钩的阻力也会日益增大，对这一漫长的过程和来自各方面的阻力应该有充分的预期和准备。其次，实现脱钩必然要求节约能源资源的消耗，但是脱离技术革新和进步，仅仅依靠节约是不可能实现真正意义上的脱钩的，只是在增长和减排之间选择了减排而放弃了增长。事实上，脱钩不可能在较低的发展水平上实现，而是在经济社会良性发展的同时，在各种资源，如水资源、土地资源、能源等方面获得利用效率的大幅度提高。具体到中国而言，实现真正意义的脱钩必然包含两方面的内容：一是强度脱钩，即在保持经济增长总体势头不变的情况下，在碳排放强度上实现有计划的降低，例如中国政府宣布到 2020 年中国单位 GDP（国内生产总值）的 CO_2 排放量要减少 40% ~ 45%，这个目标只针对碳强度，尚未涉及碳排放总量；二是使 CO_2 等温室气体的排放与经济增长速度脱钩，即实现降低排放条件下的经济稳步增长。毫无疑问，中国实现脱钩必然也要经过一个相当长的历史时期。

第四节　低碳与经济发展的关系

一、碳减排与经济增长

和低碳经济的理论问题不同，碳排放对经济增长的影响并不是一个可以忽略的问题。截至目前，在所有阻碍低碳经济的声音中，维护经济增长和就业是最有利的，也是最容易获得民众支持的。美国和加拿大退出《京都议定书》也是以此为借口的。不管其真实用意如何，这种行为无疑树立了保增长不减排的"榜样"，随着时间推移有可能引起更多的国家使用相同的借口推卸减排责任。在很多国家内部，要求放缓低碳步伐以求度过经济危机困境的观点也并不鲜见。此外，经济学、环境学的理论研究虽然表明减排和经济增长在长期中是可以同时实现的,经济增长也可以最终和碳排放脱钩,但是这种中长期的远景实际上无助于解决迫在眉睫的现实问题。

二、碳排放与人口增长和消费

尽管本书研究的重心在于探讨低碳经济与产业结构调整,但讨论碳减排问题始终无法忽略的一个问题就是人口对碳减排的影响。从绝对意义上来说,人口越多,需要的生活资料、生产资料就越多,因此就必然有更多的碳排放。如果从结构上来审视这一关系,我们会发现很多人们生存必需的物品和能源恰恰都是高能耗、高排放的产品,因此人口对碳排放必然有着非常直接的正向拉动作用。联合国政府间气候变化专门委员会(IPCC)的第四次评估报告表明,在所有导致全球气候变暖的原因中,人类对化石能源的需求是其中无法忽视的一项。此外,统计数据和相关研究也表明,相对于工业生产,居民对能源的直接消费和间接能耗有更高的增速,已经成为碳排放的主要增长点。人口增长有自身的基本规律,特别是对于中国这样的人口大国而言,在人口增速并不放缓的情况下,碳减排的压力可想而知。此外,随着中国经济的快速增长,中国人均消费数量和质量都在上升,因此即便中国人口现在迎来高峰并总量开始降低,中国的碳排放总量也难以在现有的技术水平和产业结构下水落船低。这种矛盾在全世界范围内具有共性,对于中国而言又具有特别重要的现实意义。

三、碳排放与能源结构

从生产环节的角度来看,碳排放主要来自三个方向,即能源和原材料投入,生产过程和生产技术,消费过程和消费方式、消费结构。对于世界上的很多国家,化石燃料和能源占据了能源结构中的很大比重。尽管改变能源结构、降低化石能源占全部消耗能源中的比重是非常显而易见的措施,但是目前还没有能够稳定供应的可以替代化石能源的新能源,加之化石能源的价格虽然处于不断的波动中,但是依然在经济上具有非常大的吸引力。如何在市场经济条件下引导能源结构改变是一个非常值得研究的课题。

第二章 低碳发展的影响因素基于结构方程模型的分析

我国目前正处于城镇化发展的重要阶段,思考现有的经济发展模式,寻求低碳发展迫在眉睫,而一个国家或地区的低碳发展水平并不能简单地用单一指标来衡量,要结合区域经济发展、科技发展、生态环境等进行综合分析,这些指标对低碳发展水平的影响程度也各不相同。本章基于结构方程模型,构建区域低碳发展的影响因素框架,并通过调查问卷取得相关数据,得出路径系数,进一步讨论低碳经济各指标之间的相互联系和作用,以及对低碳发展的影响程度,以期为各地区低碳发展规划的制定与实施提供参考。

第一节 低碳发展影响因素的理论分析

低碳经济是以低污染、低能耗、低排放为基础的经济发展模式,是能源消费方式、经济发展方式和人类生活方式的一次全新变革。同时低碳经济是一个相对的概念,是相比较高碳能源消耗的增长速度与经济发展速度而言的。低碳经济可以分为"相对低碳化经济"和"绝对低碳化经济"。"相对低碳化经济"是在经济发展过程中,高碳能源的增长速度低于经济增长的速度;"绝对低碳化经济"是指高碳能源消耗的增长速度为零或负值。从现阶段来看,我国要实行低碳经济绝不是"零碳经济",因为低碳发展要受到融合经济发展阶段、能源禀赋和国际产业分工等因素的综合影响。

一、产业结构

环境库兹涅茨曲线表明,产业结构变迁与污染排放之间具有显著的动态联系,即由农业向工业转型将使得碳排放快速增长。随着产业结构的转变,即由工业向服务业占主导转变,碳排放的增长速度将低于产值的增长速度,二者呈现倒 U 形关系。在国民经济中,三次产业之间、轻重工业之间生产特征不同,其能耗和碳排量也不同。

二、科技投入与技术革新

科技进步和技术革新是影响能源消费强度的一个重要因素,是提高能源消费效率的直接原因。随着经济社会的发展,科技投入的增加,技术革新将逐步提高能源消费效率,减少单位 GDP 能耗量,进而减少碳排量。此外技术进步将实现 CO_2 的再利用或提高碳捕捉和封存能力,这些都可以起到减少空气中温室气体的作用。

三、能源禀赋

能源禀赋决定能源生产结构和消费结构。影响一国能源生产结构的主要因素有资源品种、储量水平、空间分布、可开发程度、能源开发及利用技术水平等。这些因素是客观存在的。在能源供应基本稳定、能源供应基本自给的基础上，能源生产结构决定着能源的消费结构。单位能源的碳排放系数越大，表明能源越不清洁，越容易造成经济发展的高碳化。

四、政策因素

政府为了应对气候变化，制定的宏观政策（例如征收碳税、制定经济发展规划、设定碳减排目标等）也会对低碳经济发展系统产生作用，但是这种作用是外生的，属于低碳经济发展系统的外部环境。

第二节　低碳经济发展影响因素指标体系设计

关于低碳发展的影响因素，在许多文献中均有所提及。天津大学的郑立群在《区域低碳发展影响因素的结构方程模型分析》中，制定了社会发展水平、发展结构、技术因素、生活方式和碳汇发展5个一级指标和11个二级指标。任福兵等从经济、能源、社会、环境、科技5个方面建立了低碳经济指标体系。付加锋等构建了低碳产出指标、低碳消费指标、低碳资源指标、低碳政策指标和低碳环境指标等。马军等以科技发展、产业发展、社会支撑、经济发展和环境支撑5个方面评价低碳经济发展情况。肖翠仙等在《城市低碳经济评价指标体系研究》中对城市低碳经济评价指标进行了更为详细的分类，从经济发展指标、能耗和排放指标、技术发展指标、低碳产业指标、社会发展指标、低碳资源环境发展指标、低碳科教普及指标7个方面进行了构建。

从上面的分析可以看出，现有文献大多局限于定性分析和概念性的描述，缺乏基于实际数据的相互作用关系的检验和量化。低碳经济评价体系是一个复杂的系统，本章通过对上述文献及政策的研究，遵循指标整体性、统筹兼顾、资源整合、因地制宜和循序渐进原则，从低碳经济、低碳科技、低碳环境、低碳生态四个维度，构建了14个指标的影响因素框架，如表2－1所示。

表2－1　结构方程模型中的观测变量

外生潜变量	观测变量
低碳经济维度（ξ_1）	人均地区生产总值（X_1） 第三产业产出比重（X_2） 新能源制造业产值占地区生产总值比重（X_3） 对外开放度（X_4）
低碳科技维度（ξ_2）	环境系统机构数（X_5） 环保科研和技术服务人数（X_6） 研发支出占地区生产总值比重（X_7） 高新技术产业产值占地区生产总值比重（X_8）
低碳环境维度（η_1）	单位地区生产总值废弃物排放量（Y_1） 环境保护支出占财政支出比重（Y_2）

表 2 - 1(续)

外生潜变量	观测变量
低碳生态维度(η_2)	绿化覆盖率(Y_3) 绿地面积(Y_4) 碳汇吸收率(Y_5) 生态环境质量指数(Y_6)

第三节 数据来源及处理

一、数据来源

本章主要以我国 31 个省、自治区和直辖市为研究对象,由于低碳经济发展影响因素涉及面比较广,大部分数据来源于《中国城市统计年鉴》《中国统计年鉴》和各省市的统计年鉴。样本数量满足结构方程模型最低样本容量(15 个)的要求,因此,需运用 Z - Score 方法对数据进行标准化处理,处理后的数据符合正态分布,可以用极大似然法来估计方程中的路径系数。

二、数据的信度分析

数据的信度分析也就是数据的可靠性分析,本书采用 SPSS 16.0 软件分析数据的内部一致性。表 2 - 2 是对问卷中第一层次的指标进行信度分析的结果,从结果可以看出,这 4 个潜变量的 Cronbach's Alpha 都在 0.7 以上,因此,可以认为各研究变量测量条款具有较高的内在一致性信度,调查数据是较为可靠的。

表 2 - 2 潜变量的信度检验

潜 变 量	可测变量个数	Cronbach's Alpha
低碳经济维度	4	0.906
低碳科技维度	4	0.853
低碳环境维度	2	0.859
低碳生态维度	4	0.831

三、调查问卷效度分析

衡量调查问卷有效性的前提是对问卷进行效度分析。效度是指测量工具能正确测量出所要测量问题的程度。效度越高,表明所使用的测量工具越能够测出被测对象的特性;反之,就不能真正发挥测量工具的作用。从表 2 - 3 可以看到,各指标的因子载荷大于 0.5,说明调查问卷效度很好。

表2-3 低碳经济指标体系成分矩阵

一级指标	二级指标	因子载荷
低碳经济维度	人均地区生产总值	0.759
	第三产业产出比重	0.830
	新能源制造业产值占地区生产总值比重	0.882
	对外开放度	0.822
低碳科技维度	环境系统机构数	0.861
	环保科研和技术服务人数	0.952
	研发支出占地区生产总值比重	0.870
	高新技术产业产值占地区生产总值比重	0.801
低碳环境维度	单位地区生产总值废弃物排放量	0.827
	环境保护支出占财政支出比重	0.797
低碳生态维度	绿化覆盖率	0.841
	绿地面积	0.848
	碳汇吸收率	0.826
	生态环境质量指数	0.906

第四节 低碳经济发展影响因素模型的构建与求解

如前所述,低碳经济维度、低碳科技维度、低碳环境维度和低碳生态维度间会产生一定的影响,因此本研究假设低碳经济维度与低碳科技维度、低碳环境维度、低碳生态维度具有相关关系,低碳科技维度与低碳环境维度、低碳生态维度具有相关关系,然后,利用 AMOS 17.0 软件进行求解,结构方程模型路径系数结果如图2-1所示。

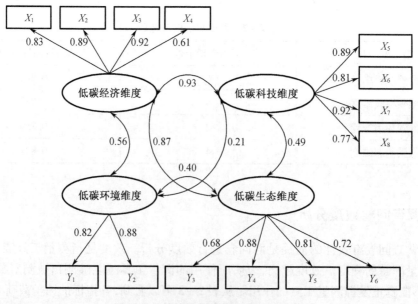

图2-1 结构方程模型路径系数结果

表 2－4 中列出的是模型潜变量之间的路径系数分析结果。从表 2－4 可以看出，低碳经济维度与低碳科技维度、低碳环境维度、低碳生态维度之间具有显著的正向关系。同理，低碳科技维度与低碳环境维度、低碳生态维度之间具有正相关关系，但是两者相关性一般。另外，从图 2－1 中可以看出，低碳经济维度中人均地区生产总值、第三产业产出比重、新能源制造业产值占地区生产总值比重对其影响都比较大，相关系数达到了 0.8 以上；对低碳科技维度影响最大的是研发支出占地区生产总值比重，两者之间的相关系数为 0.92，其次是环境系统机构数；单位地区生产总值废弃物排放量和环境保护占财政支出比重与低碳环境维度的相关系数也都达到了 0.8 以上，说明这两个方面对低碳环境维度的影响都很大；对低碳生态维度影响最大的因素是绿地面积。

表 2－4　模型潜变量之间的路径系数

假　　设	估计值	S. E.	t	P
低碳经济维度＜—＞低碳科技维度	0.93	0.168	5.563	＊＊＊
低碳经济维度＜—＞低碳环境维度	0.56	0.075	7.420	＊＊＊
低碳经济维度＜—＞低碳生态维度	0.87	0.089	9.792	＊＊＊
低碳科技维度＜—＞低碳环境维度	0.21	0.076	2.763	＊＊＊
低碳科技维度＜—＞低碳生态维度	0.49	0.077	6.409	＊＊＊
低碳环境维度＜—＞低碳生态维度	0.40	0.082	4.866	＊＊＊

第五节　结论与政策建议

本章在前人研究的基础上，将结构方程模型应用到低碳发展影响因素的评价中，获得了具有实践意义的结论。研究显示，低碳经济发展影响因素各评价指标之间并非相互独立而是相互影响、相互关联的，片面提高单个能力指标的水平并不一定能直接提升低碳经济发展水平，甚至可能适得其反；相反，把握各指标之间的相互影响与因果关系，准确定位关键影响因素和指标，才是有效增强低碳经济发展能力的关键所在。针对上述各影响因素对低碳经济的影响特征，应该针对性地做好以下四个方面的工作，以更好、更快、更具有针对性地促进我国低碳经济的发展。

一、调整产业结构，实现产业结构低碳化

对低碳发展影响最大的是新能源制造业产值占地区生产总值比重，因此实施低碳发展战略，要大力推进新能源制造业发展。同时，工业部门是发展低碳经济的关键，要高度重视第三产业和先进制造业，努力推动工业行业从高碳排放结构向低碳结构转变。

二、加大支持力度，推动低碳技术进步

技术进步对能耗强度和碳强度的降低具有正向作用。未来，低碳技术将成为国家核心竞争力的一个标志——谁掌握了先进的低碳技术，谁就拥有了核心竞争力。政府应出资建

立低碳技术引导基金,引导社会资本投资,将低碳技术引导基金主要用于节能技术、无碳和低碳能源技术、二氧化碳捕捉与埋存技术等。同时对积极研发低碳技术、使用低碳技术的企业进行财政支持,给予直接融资或间接融资、减免税收等优惠政策,以此规范新建企业的低碳技术标准,增加低碳准入门槛,对已有企业的低碳技术使用要严格要求,减少高碳技术企业的规模。

三、利用媒体加大宣传,倡导低碳生活方式

构建以各级政府为主、非政府组织为辅的媒体宣传体系,营造发展低碳、崇尚低碳的浓郁生活氛围,逐步培育公民低碳生活理念、生活意识和生活方式,建立健全低碳消费的制度体系。一方面出台政策和法规鼓励企业、公民和社会组织实行低碳消费,如制定奖励措施,对开发低碳产品、综合利用自然能源、投资低碳生产流程的企业,给予支持和鼓励,并在贷款、税收等方面给予优惠;另一方面通过税收等政策手段,抑制消费主体的高碳消费方式。

四、加强生态保护力度,增加绿化覆盖率

打破城市化、工业化与低碳发展的矛盾,建设生态城市和乡村,提高土地集约利用率、绿化覆盖率和碳汇吸收率,增加自然保护区面积占辖区面积的比重。

第三章 基于时空多维大数据流的
低碳产业竞争力评价模型

竞争力评价从逻辑推理过程来看是一种非单调推理的直觉范型,它是通过主体之间的对话进行的,因为各主体在信念上是不完全一样的,也可认为彼此之间的信息是不对称的。因此,在评价进行过程中,评价在可防卫性及陈述等方面具有的可接受性也是随之发生变化的。利用竞争力模型能够形式化地对评价推演过程进行描述,主要内容涉及如何构造评价空间,以及结果生成。很多学者就评价模型开展了研究,目前在内部结构评价等方面使用较为广泛,而且影响程度相对较大。如 Toulmin 模型,在该模型中可以对评价进行分解,得到主要的几个部件,如主张、支援及对抗等。然而,该模型对于评价推演过程是无法进行充分反映的,而且该模型所涉及的元素数量也过多,这些对于算法评价是极为不利的,因此还有很多学者围绕该模型,就如何改进优化开展了研究。

竞争力评价是低碳产业间一种基于数据流的评价。目前对于低碳产业竞争力的评价模型主要有 PAS 和 DSA 两种,主要对竞争力评价中存在的不确定性进行分析和描述,利用数值计算实现对竞争力评价可接受性的有效确认。该类模型的缺点是未能够充分描述推演过程。

针对这种情况,本章对时空多维大数据流进行了评价模型的构建,并将其应用于低碳产业竞争力评价中,并且以此为基本前提,设计提出了竞争力评价算法,以实现在不确定信息环境中,对评价推理过程的合理处理。本章设计的评价算法是通过数值计算实现的。因此,对于确定的时空多维大数据流能够得到唯一的可接受陈述集,较好地解决了 Competp 所构建的抽象框架在扩充语义方面存在的问题。

第一节 竞争力评价基本框架

本部分首先对竞争力评价框架进行简单阐述,随后就如何将时空多维大数据流引入其中展开说明。本章所设计的框架基于 Competp 框架,并且在此基础上对其进行扩展。该评价框架能够对竞争力评价结构进行有效描述,即可以利用前提和结论来进行描述,两者都属于陈述内容,而且可以通过对话来描述竞争力评价之间具有的内在关联。

定义1(statement) 即以一种肯定方式对事物进行描述,在竞争力评价中属于必不可少的组成部分,用 L 表示全部的陈述语言,即 language。

定义2(consistency of two statements) 假如 $h_i, h_j (i \neq j)$ 两个不同的陈述具有相同的内容逻辑,那么可视为两者是相等的,即满足 $h_i = h_j$;反之,假如两者表述的内容是有所差异的,那么可视为 $h_i \equiv \neg h_j$。

定义3(conflict-free subset of language) 如果有一个陈述子集满足 $S \subseteq L$,并且存在 $\exists h_i, h_j \in S, h_i \equiv \neg h_j$,那么认为 S 为相容的;如果不满足,那么 S 为不相容的。

定义4(argument) 可通过一个二元组 $A = (H, h)$ 表示竞争力评价,在该二元组中 $h \in L$ 即为一个陈述,$H = \{h_1, \cdots, h_n\} \subseteq L$ 为陈述子集,而且是符合如下条件的:

①H 为相容的；

②从逻辑角度分析，能够得到 h，可将其表述为 $H \Rightarrow h$；

③H 属于最小的，也就是说是不存在同时满足上述两个条件的 $\{h_1, \cdots, h_n\}$ 的真子集。

可将 $h_1, \cdots, h_n$ 视为竞争力评价前提（premise），将其表述为 $Pre(A) = \{h_1, \cdots, h_n\}$，即 $h_i \in Pre(A)(1 \leqslant i \leqslant n)$；其中的 h 属于进行竞争力评价对应的结论（conclusion）部分，可将其表示为 $Con(A) = h$，以 A 表示全部竞争力评价的集合。

定义5（abstract argument） 假如不考虑竞争力评价中的内部结构问题，那么进行的评价属于抽象性的评价。

可通过图 3 - 1(a) 表示 $A = (\{h_1, \cdots, h_n\}, h)$，即竞争力评价，图 3 - 1(b) 则对应表示了其抽象形式，在这种表述中忽略其内部结构。

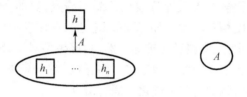

图 3 - 1 竞争力评价节点

(a) 争议 $A = (\{h_1, \cdots, h_n\}, h)$ 的内部结构；(b) 抽象争议

定义6（dialogue） 假如在两个竞争力评价中存在着这种关系，即其中一个 B 的结论对应着另一个 A 的前提，也就是说此时是满足 $Con(B) \in Pre(A)$，那么可将这种情况表述为 $<B, A>$，即此时前者属于后者的对话，而且能够将全部对话标记为集合 D。

定义7（argumentation framework） 可通过三元组 $AF = (L, A, D)$ 表示评价集合，L, D 分别表示陈述集及对话集，其中 A 属于竞争力评价集。

定义8（head and rear） $AF = (L, A, D)$ 表示一个评价框架对应的一个竞争力评价 A，如果 $\exists B \in A, (A, B) \in D$，即 A 不对任何其他竞争力评价进行响应，则称 A 为首竞争力评价（head）；如果 $\exists B \in A, (A, B) \in D$，即 A 是不会受到其他竞争力评价响应的，此时的 A 属于尾竞争力评价（rear）。

定义9（abstract argumentation framework） 对于竞争力评价内部结构并没有充分考虑，也就是说采取的是抽象评价，此时可通过如下所示二元组来进行表述，即 $AAF = (A, D)$。

可利用有向图来对抽象评价框架进行描述，这就是对话树。

定义10（dialogue tree） 对话树属于 $n(n > 0)$ 抽象竞争力评价集合，而且，在某个非空的对话树中，存在的抽象竞争力评价节点也仅有一个，这就是根，如果存在 $n > 1$，那么在其他的非根节点中，是可以构成 $m(m > 0)$ 彼此不存在相交关系的集合的，即 $T_1, T_2, \cdots, T_m$，而且，满足 $T_i(1 \leqslant i \leqslant m)$ 自身就属于一棵树，这就是该根的子对话树，而且在该子树中，其根通过一条子树和根之间的联系实现了与有向边之间的连接。

第二节　时空多维大数据流评价模型的构建

一、时空多维大数据流表示方法

Shortliffe 提出了时空多维大数据流方法,这种方法能够实现对不确定性推理的合理处理,属于 C – F 模型,而且早期已经在多个领域如 MYCIN 系统中得到了广泛应用,取得了很大的成功。

定义 11(certainty factor,简称 CF)　对于时空多维大数据流可以做如下理解:指的是专家依据其以往的实践经验,就某事物是否为真展开判断,以此作出其为真的程度,在其中可利用时空多维度大数据流因子来对大数据流进行表述。

结合上述分析能够得出,尽管时空多维大数据流具有很强的主观性特征,然而就某一特定领域的专家来讲,依据经验得出的时空多维大数据流与实际情况之间也是十分接近的。在这种方式下,即基于专家意见得到规则大数据流,随后通过合成、传递大数据流可实现不确定性推理。通过这种方式是不要求条件概率的,如果系统不同,那么所采用的时空多维大数据流量化方法也是有所差异的。

定义 12(certainty factor of evidence)　将证据 evidence 以 E 表示,那么此时可将该证据对应的时空多维大数据流因子以 $CF(E)$ 表示,其取值介于 -1 与 1 之间,也就是说是满足 $-1 \leqslant CF(E) \leqslant 1$ 这一基本条件的。

对于证据是可进行进一步划分的,一种为初始证据,这类证据主要依赖于专家,如果专家认定全部的观察值都是真的,那么此时存在 $CF(E) = 1$;如果专家认定是假的,那么将会存在 $CF(E) = -1$;如果专家不能够肯定,认为在某种程度上是真的,那么此时存在 $0 < CF(E) < 1$;如果认为在某种程度上是假的,那么此时将会对应存在 $-1 < CF(E) < 0$;如果无法对其真假作出判断,那么将会选择 $CF(E) = 0$。而另一种证据属于间接证据,指的是基于推理证据所得到的结论,其时空多维大数据流由上次证据的时空多维大数据流通过不确定性传递而计算出来。

当证据 E 是多个单一证据的合取时,即

$$E = E_1 \wedge \cdots \wedge E_n,则(E) = \min\{CF(E_1), \cdots, CF(E_n)\}$$

那么此时将会选取的是时空多维大数据对应的最小值。如果是基于单一证据得到的证据 E,即 $E = E_1 \wedge \cdots \wedge E_n$,则 $CF(E) = \max\{CF(E_1), \cdots, CF(E_n)\}$,那么就取单一证据时空多维大数据流的最大值。

定义 13(certainty factor of rule)　IF E THEN H 表示的是规则,而且此时的证据即为 E,对应的结论则为 H。由此能够得出,此时是可以用 $CF(H,E)$ 来表示对应的大数据流的,对应取值也是介于 -1 和 1 之间的。因此,如果 E 为真的,那么此时表示的即为对 H 为真的具有的支持、认可程度;如果 $CF(H,E)$ 取值是在不断提高的,那么对应的 E 具有的支持力度将会更大。

定义 14(certainty factor of conclusion)　同样,将规则以 IF E THEN H 表示,相关字母的含义是一致的,那么此时存在

$$CF(E) = CF(H,E) \times \max\{0, CF(E)\} \tag{3-1}$$

如果确定证据是真的,即满足 $CF(E) = 1$,而且满足 $CF(H) = CF(H,E)$,那么是能够表

明若证据存在并且是真实的,则此时对应的结论及 $CF(H,E)$ 是具有相同的时空多维大数据流的。如果认为在某种程度上证据是假的,即满足 $CF(E)<0$,而且 $CF(H)=0$,那么能够得出在本书所提出的模型中,对于证据为假的情况,结论对应的时空多维大数据流具有较大影响。

定义 15(combining of certainty factor)　如下所示为其基本规则:

$$IF \ E_1 \ THEN \ H \qquad (CF(H,E_1));$$
$$IF \ E_2 \ THEN \ H \qquad (CF(H,E_2)))$$

可通过下述公式表述结论 H 综合时空多维大数据流因子。

$$CF_{1,2}(E) = \begin{cases} CF_1(H)+CF_2(H)-CF_1(H)CF_2(H), & \text{当 } CF_1(H)\geqslant 0 \& CF_2(H)\geqslant 0 \text{ 时} \\ CF_1(H)+CF_2(H)+CF_1(H)CF_2(H), & \text{当 } CF_1(H)\leqslant 0 \& CF_2(H)\leqslant 0 \text{ 时} \\ \dfrac{CF_1(H)+CF_2(H)}{1-\min\{|CF_1(H)|,|CF_2(H)|\}}, & \text{当 } CF_1(H) \text{ 和 } CF_2(H) \text{ 异号时} \end{cases}$$

$$(3-2)$$

这种组合方法能保证 $CF_{1,2}(E)$ 的值在区间 $[1,1]$ 内。

定义 16(certainty factor of statement)　可通过 $CF(h)$ 对 h 的时空多维大数据流进行表述,如果能够确认 h 是真的,那么此时存在 $CF(h)=1$;假如 h 一定是假的,那么此时满足条件 $CF(h)=0$;如果存在 $0\leqslant CF(h)\leqslant 1$,那么说明此时某种程度是为真的。

可借助专家经验来获得时空多维大数据流。从本质上分析,专家意见发挥着十分重要的作用,因此其他的评价对于陈述是具有相应作用的。

定义 17(certainty factor of premise)　$A=(H,h)$ 前提为 $CF(H)$,若 $H=\{h_1,\cdots,h_n\}$,则竞争力评价取时空多维大数据流的最小值,即

$$CF(H) = \min\{CF(h_1),\cdots,CF(h_n)\}$$

二、竞争力评价算法

专家就事件展开评价时,要求考虑的不单单是基本前提及其结论部分,还要求预设陈述的时空多维大数据流 $\{CF(h_1),\cdots,CF(h_n)\}$ 和竞争力评价时空多维大数据流 $CF(h,H)$,竞争力评价结论的时空多维大数据流依赖于其前提时空多维大数据流和竞争力评价时空多维大数据流,而且在评价过程中所分析的时空多维大数据流和其他的竞争力评价方面是有所损失的,而这必然导致整个的竞争力评价将会发生改变。本书设计的竞争力评价算法针对的就是时空多维大数据流的计算与分析。

(一)竞争力评价结论的时空多维大数据流计算

定理 1　$A=(H,h)$ 表示竞争力评价,假如这是第一个,也就是说此时的 h 并不是任何其他竞争力评价的前提,那么可通过下式表示结论对应的时空多维大数据流。

$$CF(h) = CF(h,H)CF(h) \qquad (3-3)$$

证明:结合定义 16,如果 $A=(H,h)$ 的前提 $H=\{h_1,\cdots,h_n\}$ 对应的时空多维大数据符合条件 $0\leqslant CF(h_i)\leqslant 1,1\leqslant i\leqslant n$,那么基于定义 17 能够得出此时是满足 $0\leqslant CF(H)\leqslant 1$ 的,同时又考虑到定义 14,因此能够得出此时满足 $CF(h)=CF(h,H)\times\max\{0,$ 则 $CF(H)\}=CF(h,H)CF(H)$。

当竞争力评价所有前提确定为真时,即 $CF(H)=1$ 时,有 $CF(h)=CF(h,H)$,即竞争力评价结论的时空多维大数据流与竞争力评价时空多维大数据流相同;当 $CF(H)=0$ 时,有 $CF(h)=0$,即结论为假;当 $CF(h,H)=1$ 时,$CF(h)=CF(H)$,即结论 h 的时空多维大数据流与前提 H 的时空多维大数据流相同。

(二)非竞争力评价的时空多维大数据流计算

如果竞争力评价 $A=(H,h)$ 不是竞争力评价,即 h 是某个竞争力评价 B 的一个前提,$h \in \mathrm{Pre}(B)$,因为在 h 作为 B 前提之前,已经就时空多维大数据流进行了设定,那么 A 主要是为了改进 h 的时空多维大数据流,因此 h 的时空多维大数据流应是 $CF(h)^0$ 与 $CF(h,H)CF(H)$ 的合成。

定理2 设有竞争力评价 $A=(H,h)$,h 为竞争力评价 B 的一个前提,其初始时空多维大数据流为 $CF(h)^0$,则 h 受到 A 响应后,能够得到如下形式所示的时空多维大数据流。

$$CF(h) = \begin{cases} CF(h)^0 + (1-CF(h)^0)CF(h,H)CF(H), & \text{当 } 0 < CF(h) \leq 1 \text{ 时} \\ CF(h)^0, & \text{当 } CF(h,H)=0 \text{ 时} \\ CF(h)^0 + (1+CF(h,H)CF(H)), & \text{当 } -1 \leq CF(h,H) < 0 \text{ 时} \end{cases} \quad (3-4)$$

而且 $CF(h)$ 取值将介于 $0,1$ 之间,符合有关时空多维大数据流一致性基本要求。

证明:首先可通过分段方式对时空多维大数据流正确性进行计算。

1. 假如存在 $0 < CF(h,H) \leq 1$

(1)如果 $CF(H)$ 是保持不变的,那么当 $CF(h,H)$ 表现为线性增加时,也会使得 $CF(h)$ 随之增加,具体在图 3-2(a) 中有所显示。在该图中,伴随 $CF(H)$ 的不断增大,斜率增大,而且当满足 $CF(H)=1$ 时,对应的 k 也是最大的,即 $k=(1-CF(h)^0)$。因此,如果满足 $CF(h,H)=1$,那么对应的 $CF(h)$ 也将为 1;若 $CF(H)=0$,那么无论 $CF(h,H)$ 取何值,都无法影响 h 的时空多维大数据流,即 $CF(h)=CF(h)^0$,此时,$k=0$。可见,$k=(1-CF(h)^0)CF(H)$。于是有 $CF(h)=CF(h)^0+kCF(h,H)=CF(h)^0+(1-CF(h)^0)CF(h,H)CF(H)$。

(2)当 $CF(h,H)$ 不变时,$CF(h)$ 随 $CF(H)$ 线性增大,如图 3-2(b) 所示,图中直线斜率 k 随 $CF(h,H)$ 线性增大,$k=(1-CF(h)^0)CF(h,H)$,于是有 $CF(h)=CF(h)^0+kCF(h,H)=CF(h)^0+(1-CF(h)^0)CF(h,H)CF(H)$。

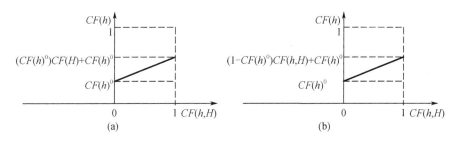

图 3-2　$CF(h)$ 变化曲线(当 $0 < CF(h,H) \leq 1$ 时)

可见,式(3-4)的第1项成立。

2. 如果 $-1 \leqslant CF(h,H) < 0$

(1)当 $CF(H)$ 不变时,结合图3-3(a)能够得出,$CF(h)$ 与 $CF(h,H)$ 绝对值之间表现为线性减小,具体来讲,当 $CF(H)$ 呈现出线性增大趋势时,对应的直线斜率也将表示为不断增大的趋势。如果此时满足 $CF(H) = 1$,那么对应的直线斜率也将是最大的,即为 $k = CF(h)^0$ 这种情况,假如此时存在 $CF(h,H) = -1$,那么此时 $CF(h)$ 对应的将是最小值0。如果 $CF(H) = 0$,那么不管 $CF(h,H)$ 取何值,h 时空多维大数据流都不会因此受到影响,也就是说此时是满足 $CF(h) = CF(h)^0$ 的,由此可得此时直线斜率为0。可见,$k = CF(h)^0 CF(H)$,于是可得

$$CF(h) = CF(h)^0 + kCF(h,H) = CF(h)^0 + (1 - CF(h)^0)CF(h,H)CF(H)$$

(2)当 $CF(h,H)$ 不变时,$CF(h)$ 随 $CF(H)$ 线性减小,如图3-3(b)所示。图中直线斜率 k 随 $CF(h,H)$ 线性增大,$k = CF(h)^0 CF(H)$,于是可得

$$CF(h) = CF(h)^0 + kCF(h,H) = CF(h)^0 + CF(h)^0 CF(h,H)CF(H)$$
$$= CF(h)^0 (1 + CF(h,H)CF(H))$$

可见,式(3-4)的第3项成立。

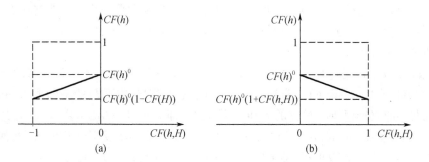

图3-3 $CF(h)$ 变化曲线(当 $-1 \leqslant CF(h,H) < 0$ 时)

3. 如果满足 $CF(h,H) = 0$

如果满足 $CF(h,H) = 0$,那么尽管此时 B 受到了来自竞争力评价 A 的响应,然而,此时 h 的时空多维大数据流是不会发生改变的,也就是说此时满足 $CF(h) = CF(h)^0$。因此,能够验证式(3-4)中第2项是成立的。

随后,我们需要验证 $CF(h)$ 取值是介于0和1之间的。

因为,$0 < CF(h,H) \leqslant 1, 0 \leqslant CF(H) \leqslant 1$,

所以,$0 \leqslant CF(h,H)CF(H) \leqslant 1$,

所以,$0 \leqslant (CF(h,H)(1 - CF(h)^0)CF(h,H)CF(H) \leqslant 1 - CF(h)^0$,

所以,$CF(h)^0 \leqslant CF(h)^0 + (1 - CF(h)^0)CF(h,H)CF(H) \leqslant 1$,即 $CF(h)^0 \leqslant CF(h) \leqslant 1$。

式(3-4)的第2项,有 $CF(h) = CF(h)^0$。就式(3-4)的第3项:

因为,$-1 \leqslant CF(h,H) < 0, 0 \leqslant CF(H) \leqslant 1$,

所以,$-1 \leqslant CF(h,H)CF(H) \leqslant 0$,

所以,$0 \leqslant 1 + CF(h,H)CF(H) \leqslant 1$,

所以,$0 \leqslant CF(h)^0 (1 + CF(h,H)CF(H)) \leqslant CF(h)^0$,即 $0 \leqslant CF(h) \leqslant CF(h)^0$。

因为,$0 \leqslant CF(h)^0 \leqslant 1$,所以,在上述讨论的三种情况下,都存在 $0 \leqslant CF(h) \leqslant 1$,由此能够

验证定义 16 的相关规定。

首先分析存在两个竞争力评价的基本情况,如果存在竞争力评价 $A^1 = (H^1, h)$ 和 $A^2 = (H^2, h)$,$h \in \mathrm{Pre}(B)$,即竞争力评价 A^1 和 A^2 同时对竞争力评价 B 的前提 h 作出响应。设 h 的初始时空多维大数据流为 $CF(h)^0$,时空多维大数据流合成的具体实施步骤如下。

第 1 步:结合式(3-4)能够得出 A^1、A^2 各自对 h 的时空多维大数据流对应的更新值 $CF(h)^1$ 及 $CF(h)^2$。

第 2 步:合成 $CF(h)^1$、$CF(h)^2$,合成的实现是利用式(3-2)第 1 项实现的,考虑到 $CF(h)^1$ 与 $CF(h)^2$ 具有的值都是不小于 0 的,故此存在

$$CF(h) = CF(h)^1 + CF(h)^2 - CF(h)^1 CF(h)^2 \qquad (3-5)$$

定理 3 依据式(3-5)能够得出取值在 0,1 之间的时空多维大数据流,因此其一致性得以保证。

证明:结合定理 2 能够得出,$0 \leqslant CF(h)^1 \leqslant 1, 0 \leqslant CF(h)^2 \leqslant 1$,

所以,$0 \leqslant 1 - CF(h)^1 \leqslant 1, 0 \leqslant 1 - CF(h)^2 \leqslant 1$,

于是,$0 \leqslant (1 - CF(h)^1)(1 - CF(h)^2) \leqslant 1$,

$0 \leqslant 1 - (1 - CF(h)^1)(1 - CF(h)^2) \leqslant 1$,

所以,$0 \leqslant CF(h)^1 + CF(h)^2 - CF(h)^1 CF(h)^2 \leqslant 1$。

依据式(3-5)可得出当存在两个以上竞争力评价对同一竞争力评价前提响应情况下,对应的时空多维大数据流。

第三节 实验分析

为了验证该评价模型的实用性,以低碳产业为假设群体展开评价,所产生的竞争力评价及其时空多维大数据流设置见表 3-1。

表 3-1 竞争力评价及其时空多维大数据流设置

竞争力评价	竞争力评价前提集	竞争力评价结论	竞争力评价时空多维大数据流	竞争力评价前提初始时空多维大数据流
A^1	$\{h_1^1, h_2^1\}$	h	0.9	$CF(h_1^1)^0 = 0.8, CF(h_2^1)^0 = 0.9$
A^2	$\{h_1^2, h_2^2, h_3^2\}$	h_1^1	-0.9	$CF(h_1^2)^0 = 0.8, CF(h_2^2)^0 = 0.9, CF(h_3^2)^0 = 0.7$
A^3	$\{h_1^3, h_2^3\}$	h_2^2	-0.7	$CF(h_1^3)^0 = 0.6, CF(h_2^3)^0 = 0.8$
A^4	$\{h_1^4\}$	h_1^1	0.8	$CF(h_1^4)^0 = 0.6$
A^5	$\{h_1^5, h_2^5\}$	h_2^1	-0.8	$CF(h_1^5)^0 = 0.7, CF(h_2^5)^0 = 0.6$

首先(时间节点 1)产生第 1 个竞争力评价 $A^1 = (\{h_1^1, h_2^1\})$,设置

$$CF(h_1^1)^0 = 0.8, CF(h_2^1)^0 = 0.9, CF(A^1) = 0.9$$

此时

$$CF(h) = CF(A^1) \times (\min\{CF(h_1^1), CF(h_2^1)\}) = 0.9 \times 0.8 = 0.72$$

此后(时间流水号2)产生第2个竞争力评价 $A^2 = (\{h_1^2, h_2^2, h_3^2\}, h_1^1)$,设置

$$CF(h_1^2)^0 = 0.8, CF(h_2^2)^0 = 0.9, CF(h_3^2)^0 = 0.7, CF(A^2) = -0.9$$

由于 $h_1^1 \in \mathrm{Pre}(A^1)$,且 $CF(A^2)$ 是负值,因此,A^2 是对 A^1 的反对,调用时空多维大数据流传递算法为

$$CF(h_1^1)[1] = CF(h_1^1)^0 (1 + (\min\{CF(h_2^2), CF(h_3^2)\}) \times CF(A^2))$$
$$= 0.8 \times (1 + 0.7(-0.9)) = 0.296$$

随后,可以将 $CF(h_1^1)$ 存储在 $CF(h_1^1)$,更新 A^1 其前提的时空多维大数据流,因此,必须重新计算 A^1 的结论,对应结果等于0.266 4,能够得出当产生了 A^2 后,h 对应的时空多维大数据流也会下降。随着 A^3 的产生,对应的时空多维大数据流属于小于零的,竞争力评价会随之降低,而且,A^2 对 A^1 的反对强度也会随之降低,因此,A^1 的结论 h 对应的时空多维大数据流将有所提高,结果为0.492 3。当产生了 A^4 以后,A^2,A^4 两个竞争力评价都为 h_1^1,因此,$CF(h_1^1)[1]$ 与 $CF(h_1^1)$ 两者的合成构成了 h_1^1 当前所具有的多维大数据流,因此,也提高了 A^1 时空多维大数据流,h 的时空多维大数据流得以上升,结果为0.794 3。不同时间节点陈述的时空多维大数据流的值见表3-2。

表3-2 不同时间节点陈述的时空多维大数据流的值

时间节点	h	h_1^1	h_2^1	h_1^2	h_2^2	h_3^2	h_1^3	h_2^3	h_1^4	h_1^5	h_2^5
1	0.72	0.8	0.9	—	—	—	—	—	—	—	—
2	0.266 4	0.296	0.9	0.8	0.9	0.7	—	—	—	—	—
3	0.492 3	0.397 4	0.9	0.8	0.552	0.7	0.8	—	—	—	—
4	0.794 3	0.903 2	0.9	0.8	0.552	0.7	0.8	0.6	—	—	—
5	0.386 2	0.910 2	0.542	0.8	0.552	0.7	0.8	0.6	0.7	0.7	0.6

分析表3-2能够得出,如果有一个竞争力评价生成,而且使用了该算法,想要实现时空多维数据流的更新,则要求新节点是能够位于评价节点路径上的。结合表3-2能够得出其路径为

$$0.72 \to 0.266\ 4 \to 0.492\ 3 \to 0.794\ 3 \to 0.386\ 2$$

其结果验证了前述的分析。假如此时对应的时空多维大数据流阈值等于0.6,那么当第五个竞争力评价发出之后,可通过下述形式表示可接受陈述集。

$$\{h_1^1, h_1^2, h_3^2, h_1^3, h_2^3, h_1^4, h_1^5, h_2^5\}$$

能够发现该节点上是无法接受 h 的。因此,能够得出本书所提出的方法是能够对时空多维大数据流进行陈述的,而且基于其阈值,可以确定最后的可接受陈述集。

第四节　结　　论

　　本书提出的模型是对评价推演过程比较全面的描述,提出可将其基于内部结构进行分解,分析了当存在不确定性前提时,结论受到的影响。模型不仅能够就这种不确定性进行说明,还能够分析结论与评价前提之间存在的内在关联性,或者说后者对前者的支持与反对强度(时空多维大数据流为负值),反映了低碳产业的正常性思维;而且结合时空多维大数据流构建了竞争力模型,使得各专家意见都能够得到充分的反馈,评价结果也将更为合理。通过对低碳产业竞争力的评价发现该模型能够很好地实现对产业发展的评价。

第四章 河北省碳排放、能源消费与经济增长的实证研究

河北省以煤炭、钢铁、水泥等建筑材料作为经济的支柱产业,在工业化及城市化的进程中,出现的种种环境污染现象,在发达地区的发展历史上是可以理解的,即先污染后治理的思路。随着人们对环境的日益关注,人们开始反思现在的经济发展方式,目前河北省的经济发展究竟处于环境库兹涅茨曲线的什么阶段,污染是否会持续下去都是人们值得研究的问题。

第一节 变量选取

一、碳排放量计算

碳主要依附于自然能源中,包括煤炭、石油和天然气三种,其燃烧产生能量的过程会产生大量的 CO_2。依据 Kaya 恒等式,工业行业碳排放估算公式为

$$C = \sum_i C_i = \sum_i \frac{E_i}{E} + \sum_i \frac{C_i}{Y} \times \frac{E}{Y} \times \frac{Y}{P} \times P$$

式中,C 为地区 CO_2 排放量;C_i 为地区 i 种能源的碳排放量;E 为地区三大能源消费量;E_i 为地区第 i 种能源的消费量;$i = 1, 2, 3$;Y 为地区生产总值;P 为地区人数。

二、数据来源

本书原始数据来源于《2015 年河北省统计年鉴》,其中,能源消费(EC)单位为万吨标准煤;碳排量(C)则根据历年统计年鉴上三大能源的消费量结合 Kaya 恒等式计算所得,单位为万吨;剔除物价因素,以河北省 1978 年为基期计算地区生产总值。河北地区人均量的变化能细微反映出收入与碳排放之间的关系,所以,以人均能源消费(Per EC)、人均碳排放量(Per C)和人均收入(Per GDP)作为分析变量。

从图 4 - 1 可以看出,Per C、Per EC、Per GDP 是随着时间推移而不断上升的非平稳序列。为使三个序列平稳,利用数学对数据进行处理,对三个序列取对数,结果记为 ln(Per C)、ln(Per EC) 和 ln(Per GDP),分别简记为 LPC、$LPEC$ 和 $LPGDP$。

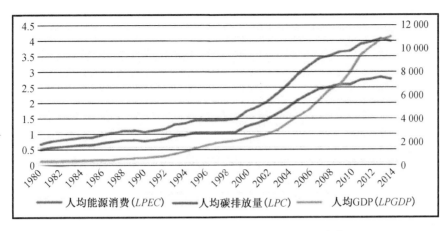

图 4-1 1980—2014 年 LPC、LPGDP、LPEC 走势图

三、研究方法

研究方法是利用 ADF 的单位根检验对 LPC、LPEC 和 LPGDP 的稳定性进行判断,平稳后进行协整分析;通过建立 VAR 模型及广义脉冲分析来确定河北省的环境库兹涅茨曲线的形状,发现河北省经济发展与碳排放之间的问题,并给出相应的对策建议。

第二节 实证结果分析

一、数据稳定性检验

利用 ADF 检验,根据 LPC、LPEC 和 LPGDP 数据走势图,对其进行有趋势、没有常数项、一阶差分的 ADF 检验,一阶差分的数据记为 DLPC、DLPEC、DLGDP,结果见表 4-1。DLPC、DLPEC、DLGDP 在置信度 5% 的情况下,三个数据在有趋势项、没有常数项、一阶差分的基础上达到了平稳,即时间序列 LPC、LPEC、LPGDP 是 I(1) 的平稳序列,在此基础上进行协整检验。

表 4-1 LPC、LPEC、LPGDP 的 ADF 检验

变 量	ADF 值	临界值(1%)	临界值(5%)	临界值(10%)	结 论
DLPC	-3.72	-3.67	-2.96	-2.62	稳定
DLPEC	-3.801	-3.67	-2.96	-2.62	稳定
DLGDP	-3.33	-3.67	-2.96	-2.62	稳定

二、协整检验

通过 ADF 检验可以知道,数据在一阶差分后可以实现平稳。接下来对 LPC、LPEC、

LPGDP 三个数据进行协整检验,得到其残差的分布,检验残差的平稳性。其残差序列在没有截距项、没有趋势项的 ADF 检验中的 *T* 值明显通过了置信度为 1% 的检验,说明残差序列通过了 ADF 检验,即残差序列平稳。因此 *LPC*、*LPEC*、*LPGDP* 之间存在长期的均衡关系。得到的协整关系为

$$LPC = 0.994LPEC + 0.003LPGDP - 0.37$$
$$(144.96) \quad (1.043) \quad (-22.94)$$

可以看出,*LPEC* 增加 1 个单位,影响 *LPC* 平均变动 0.994 个单位;*LPGDP* 增加 1 个单位,影响 *LPC* 平均增加 0.003 个单位,其 *T* 检验值不显著。也可以理解为人均能源消费弹性增加 1 个单位,人均碳排放弹性平均增加 0.994 个单位;人均收入弹性增加 1 个单位,人均碳排放弹性平均增加 0.003 个单位。可以看出目前河北省的经济增长依然处于经济增长碳排放量也增长的阶段。

三、建立 VAR 模型

令 **Yt** 为 *LPC*、*LPEC*、*LPGDP* 构成的列向量,将 **Yt** 一个滞后项为 *k* 的无约束向量模型记为 VAR(1)。根据 AIC、SC、FRE、HQ 等原则找到最后的滞后阶数一阶,即 VAR(1),在此基础上建立滞后一阶的 VAR 模型,即 VAR(1),得到结果如下:

$$\begin{pmatrix} DLPC \\ DLPEC \\ DLPGDP \end{pmatrix} = \begin{pmatrix} DLPC(-1) \\ DLPEC(-1) \\ DLPGDP(-1) \end{pmatrix} \begin{pmatrix} 1.844 & 1.882 & 0.350 \\ -1.467 & -1.518 & -0.185 \\ -0.245 & -0.247 & -0.400 \end{pmatrix} + \begin{pmatrix} 0.070 \\ 0.072 \\ 0.079 \end{pmatrix}$$

模型建立之后检验 VAR 模型的平稳性,滞后一阶和三个内生变量的单位根均小于 1,即其单位根均在单位圆的面积里。可以说明,所建立的 VAR(1) 模型是稳定的,也就说明了碳排放量、经济增长与能源消费有长期、稳定的关系。

四、广义脉冲

通过建立一个稳定的 VAR(1) 模型,说明 *DLPC*、*DLPEC*、*DLPGDP* 在短期内可能有波动变化,但在长期内是服从稳定规律的,所以利用脉冲响应函数,能够更加清楚地反映三者之间的关系。对 *DLPC*、*DLPGDP* 进行了广义的脉冲,结果如图 4-2。

在图 4-2 中,第一列图为人均碳排放量一阶差分(*DLPC*)一个标准单位脉冲而引起的对自身及对人均 GDP 一阶差分(*DLPGDP*)的反应图。自身的脉冲响应从第一期开始数值逐渐下降,从最高的 0.046 6 到第三期左右接近 0 值,之后变为负数,第五期最小为 -0.001 3,然后逐渐回归 0 值;对 *DLPGDP* 而言,其变化规律与 *DLPC* 的脉冲规律基本相同,也就说明人均碳排放对人均收入的影响会随着时间的变化不断下降,影响并不明显。

第二列图为人均 GDP 一阶差分(*DLPGDP*)一个标准单位脉冲而引起的对自身及对人均碳排放量一阶差分(*DLPC*)的反应图,可以看出,第一期为 0 值,即没有影响,但第二期后,其变化值的影响长期处于负影响,且在第二期影响值最小为 -0.013 8 后逐渐上升回归平稳,说明在人均收入增加的过程中其碳排放会有一个下降的过程,然后回归长期平稳的状态,人均收入与碳排放的正向关系会随着时间的推移关系逐渐转弱,且呈现出一种负相关的关系,证明了河北省的环境库兹涅茨曲线是一种倒"U"形的发展趋势,且目前仍没有到达拐点处。

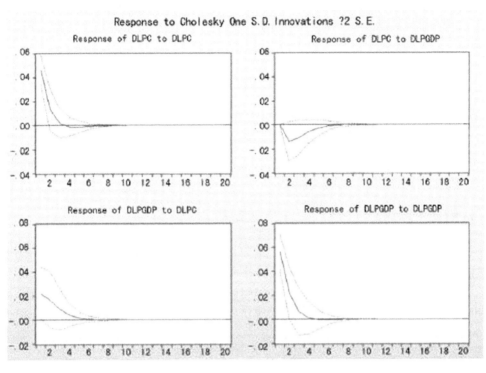

图 4 - 2　广义脉冲图

五、结论分析

第一,河北省人均碳排量、人均能源消费和人均 GDP 之间存在着长期的协整关系。

第二,河北省人均能源消耗对碳排放的弹性系数约为 0.994,人均 GDP 对碳排放的弹性为0.003。能源消费是碳排量增长的主要动因,而收入对碳排放的影响并没有通过检验,说明现阶段经济发展对碳排放的影响正在逐步减小。

第三,河北省的环境库兹涅茨曲线呈现"倒 U 形"发展态势,且目前仍没到达"倒 U 形"的拐点。目前,河北省人均 GDP 与碳排放的关系正在逐渐转弱,且在广义脉冲第二期后其关系呈现反向发展的态势,说明河北省的环境库兹涅茨曲线拐点即将到来。

第三节　低碳背景下促进河北省经济增长的政策建议

随着人们环保意识的增强,以及经济的不断增长,碳排放总量不断上升,环境库兹涅茨曲线进一步得到了验证,并不是经济的发展一定会造成环境的污染,随着污染的增加及经济的发展,碳排放有缩减的趋势。目前,河北省依旧处于经济增长碳排放量也增长的阶段,因此针对目前河北省的经济发展情况,提出以下几点建议。

一、减少传统能源的使用,寻找可替代新能源

经济增长与能源消费在长期协整关系中呈现正向的关系,也就是说随着经济的增长,能源消费一定会增长。河北省能源消耗主要以煤炭等传统能源为主,其碳排放量是河北省

碳排放的主要来源。随着新能源的不断被发现,地热能、潮汐能、风能及天然气等,都是有可能替代传统煤炭的能源,特别是石油能源替代煤炭,是减少碳排放且成本较低的可行性方法。

二、加大政府对高校的投入,加强新技术的研发

随着技术的发展,经济增长所需的能源消费会不断减少。新技术的研发会提高能源的使用效率,即单位 GDP 所消耗的能源不断降低,可实现碳排放的进一步降低。而技术的进步则需要依托人才的培养与教育,技术源于人力资本,人力资本出自学校,因此在教育方面的投入应逐渐增加,以应对目前经济增长与环境的矛盾问题。

三、借助京津冀协同发展,调整产业结构

产业结构同样影响碳排放。以第二产业为支柱产业的河北省,其化石能源的使用量一直居高不下,成为碳排放的主要贡献者。随着京津冀协同发展的提出,以及区域内产业转移的不断推动,河北省应该借助京津冀产业转移契机,不断调整产业机构,完成区域工业化及城市化,加大对第三产业的扶持力度,在经济发展的同时不断降低碳排放量,实现经济节约化发展。

第五章 低碳经济背景下区域
主导产业的选择研究

低碳经济是一种崭新的经济模式,低碳竞争则是区域竞争的核心内容。如何在低碳经济发展的目标下,把有限的资源引导和配置到更符合需求的主导产业上,已经成为区域经济发展所面临的主要问题,这也是制定区域产业战略政策,优化资源配置,协调经济、社会和环境之间关系的关键一环。

本章运用定性和定量相结合的层次分析法和德尔菲方法研究了区域内主导产业的选择问题,并以河北省为例进行了实证研究。

第一节 区域主导产业选择的评价指标体系构建

一、评价指标的建立原则

对于区域内的主导产业的选择要综合考虑区域的特征及主导产业应具备的条件。相关研究重点考虑了如下原则:需求原则,产业的需求弹性越高,其产品市场空间越大,越有可能作为主导产业;产业关联原则,产业关联性越高,产业发展的带动效应就越明显,连锁反应越强烈;技术进步原则,应该选择那些技术水平较高、技术进步速度较快且技术进步对产业增长贡献份额较大的产业作为主导产业;经济效益原则,作为区域选择的主导产业应有利于提高工业经济效益,只有那些投入少、产出高的产业才能作为主导产业;社会进步原则,主导产业的选择还要考虑到国家宏观政策及社会软环境的因素,以及对社会进步的贡献力,比如带动就业等。

二、指标体系构建

根据上述评价原则,研究者从经济规模、市场增长潜力、产业增长潜力、产业竞争比较优势、经济效益、产业关联效应及社会进步等方面建立区域主导产业选择体系。区域主导产业选择指标体系及含义见表 5 - 1 所示。

表 5 - 1 区域主导产业选择指标体系及含义

总目标	一级指标	二级指标
区域主导 产业选择 指标体系(A)	经济规模(B_1)	产值规模(C_{11})
		销售规模(C_{12})
	市场增长潜力(B_2)	需求收入弹性指数(C_{21})
		市场占有率(C_{22})

表 5 – 1（续）

总目标	一级指标	二级指标
区域主导产业选择指标体系（A）	产业增长潜力（B_3）	产品创新与工艺创新的比率（C_{31}）
		产业增长率（C_{32}）
	产业竞争比较优势（B_4）	人力资源优势（C_{41}）
		自然资源优势（C_{42}）
		科技资源优势（C_{43}）
	经济效益（B_5）	资产利税率（C_{51}）
		销售利税率（C_{52}）
	产业关联效应（B_6）	感应度系数（C_{61}）
		相关产业支撑（C_{62}）
		影响力系数（C_{63}）
	社会进步（B_7）	就业增长率（C_{71}）
		社会贡献率（C_{72}）

三、区域主导产业选择的方法

本章根据收集到的相关数据资料,采用定性和定量相结合的层次分析法和德尔菲方法相结合的研究方法,建立区域主导产业选择模型。首先,设计德尔菲调查表,对区域内所有产业的每个对应二级指标设置由高到低 A,B,C,D,E 五个档次,分别对应定性分析的好、较好、中等、较差、差,然后请企业、高校、研究机构和政府的专家填写德尔菲调查表。如果区域内某产业的 j 指标选择 A,B,C,D,E 的专家人数分别为 M_1,M_2,M_3,M_4,M_5,则该区域内某产业的 j 指标的得分值为

$$F_j = (95 \times M_1 + 85 \times M_2 + 75 \times M_3 + 65 \times M_4 + 30 \times M_5)/(M_1 + M_2 + M_3 + M_4 + M_5)$$

运用综合加权法对区域主导产业进行综合评价选择,某区域内的第 i 个产业的综合评价值的数学模型为 $Y_i = \sum_{j=1}^{12} W_j \times F_j$,$W_j$ 是每个二级指标的权重值,然后计算出该区域内所有产业的综合评价的分值,并根据这些分值的大小进行筛选。

第二节 实证分析低碳经济下河北省主导产业的选择

一、权重的确定

组织河北省区域经济研究方面的专家,对河北省区域主导产业选择评价指标因素所占的比重进行打分,经过多轮评价,构造出如表 5 – 2 所示判断矩阵,A—B 表示目标层对于准则层的判断矩阵,并求出最大特征值及其权重向量,最终各指标的权重值见表 5 – 3。

表5-2 A—B判断矩阵

区域主导产业选择	经济规模	市场增长潜力	产业增长潜力	产业竞争比较优势	经济效益	产业关联效应	社会进步	权重值
经济规模	1	1/2	1/3	1/2	1	1/2	2	0.090 9
市场增长潜力	2	1	1/2	1/2	2	1/3	2	0.122 4
产业增长潜力	3	2	1	1/2	3	1/3	2	0.167 5
产业竞争比较优势	2	2	2	1	2	1/2	2	0.192 7
经济效益	1	1/2		1/2	1	1/2	2	0.090 9
产业关联效应	2	3	3	2	2	1	2	0.263 8
社会进步	1/2	1/2	1/2	1/2	1/2	1/2	1	0.071 6

表5-3 最终各指标权重

最终各指标	权重值
产值规模	0.060 6
销售规模	0.030 3
需求收入弹性指数	0.081 6
市场占有率	0.040 8
产品创新与工艺创新的比率	0.041 9
产业增长率	0.125 7
人力资源优势	0.059 9
自然资源优势	0.037 7
科技资源优势	0.095 1
资产利税率	0.060 6
销售利税率	0.030 3
感应度系数	0.078 3
相关产业支撑	0.043 1
影响力系数	0.142 4
就业增长率	0.023 9
社会贡献率	0.047 7

二、数据收集

根据区域主导产业的选择指标体系及各产业的特点,设计河北省主要产业的德尔菲调查表,调查的专家主要有企业专家、高校专家、政府专家和研究机构专家,通过电子咨询函件的形式采集专家的判断意见。

三、数据处理与结果

根据专家对产业的熟悉程度进行归类,在每一类中按产业对各指标数据进行汇总,进而得到每一类产业的末级指标的最终数据。根据层次分析法核算河北省主导产业选择情况的分值,见表5-4。

表5-4　河北省主导产业选择情况

序　号	名　　称	分　值	序　号	名　　称	分　值
1	农业	65	9	金融保险	70.5
2	钢铁冶金业	91	10	建筑建材	78
3	装备制造业	83	11	食品	81.5
4	生物医药	82	12	纺织	78.5
5	石油化工	82	13	交通运输	63
6	电子信息	78	14	环保产业	75.5
7	新材料	70.5	15	现代物流	81
8	新能源	71.5	16	旅游业	80.5

第三节　结论与建议

区域主导产业是区域经济发展的主力军,如何在低碳经济背景下选择区域主导产业是本章研究的重点。笔者从河北省当前实际出发,认为应从以下几方面入手推动低碳下主导产业的发展。

第一,加快推动传统产业高级化。装备制造业、生物制药、石油化工、钢铁冶金业、建筑建材作为传统产业在未来一段时间内,对河北省经济发展具有强大支撑力。传统产业的高级化重点是加强产品深加工,提高产品附加值,提升区域经济在全球价值链中的位置;在生产中积极运用绿色技术及加强绿色管理,提高资源的综合利用,减少"三废"排放,降低对生态环境的破坏。

第二,积极培育战略性新兴产业,重点发展电子信息、环保、新能源、新材料等产业。河北省要积极开展相关战略性新兴产业的前沿性研究,储备一批战略性新兴产业的科技成果。

第三,大力发展低碳现代服务业。大力发展第三产业是进行资源配置优化、提高地区经济发展效益的重要途径。河北省在发展第三产业时必须走低碳经济发展的道路,需要发展低碳的现代服务业,重点发展现代物流、旅游业和金融保险业等。

第六章 低碳背景下河北省
现代产业体系的构建

第一节 现代产业体系的内涵、特征及架构

本章主要阐释现代产业体系的理论基础:首先,界定现代产业体系的内涵,并论述现代产业体系的创新性、开放性、融合性、生态性和集聚性特征;其次,综合基础产业、优势传统产业、高新技术产业和新兴产业,构建现代产业体系的总体结构。

一、现代产业体系的内涵

现代产业体系是全球经济一体化、区域创新网络化背景下,以区域内的知识生产和拥有作为获取产业优势的基础,以企业互动创新模式作为提高产业创新能力和国际竞争力的途径,产业的全球化扩散和企业的地方化集中分布并存,产业专业化分工和融合创新并存,市场导向与政府推动紧密结合,以信息技术推动产业升级,以现代企业制度和现代市场体系为保障,与区域创新体系相融合的产业体系。现代产业体系是以高科技含量、高附加值、低能耗、低污染、自主创新能力强的有机产业群为核心,以高新技术开发区、工业园区、专业镇等特色产业基地为载体,以技术、人才、资本、信息等高效运转的产业辅助系统为创新平台,以环境优美、基础设施完备、社会保障有力、市场秩序良好的产业发展环境为依托,并具有创新性、开放性、融合性、集聚性和可持续性特征的新型产业体系。现代产业体系是一个地区经济发展水平和综合实力的重要标志。从产业发展角度看,现代化的过程就是在科技进步的推动下,经济不断发展、产业结构逐步优化升级的过程。发展现代产业体系成为抢占产业发展制高点、提升产业发展水平、提高产业竞争力的重要途径。

现代产业体系至少包括三大体系,即现代产业结构体系、现代产业组织体系和现代产业业态体系。其结构、组织、业态相互制约、相互推动,共同形成产业发展的轨迹。因此,研究经济增长与发展,尤其是如何转变发展方式,就必须对现代产业体系作深入探讨,在遵循内在规律的基础上真正构筑科学的产业发展战略。

二、现代产业体系的特征

(一)创新性

创新是现代产业体系的首要特征,创新是发展现代产业体系的第一推动力。面对未来激烈的竞争环境和日趋严峻的资源约束,新知识向产业渗透的进程将日益加快。构建现代产业体系必须把创新摆在第一位,通过理念创新、制度创新、知识创新、技术创新、管理创新等多维度的创新来化解产业发展中的各种矛盾,摆脱我国长期处于国际产业链低端的困境。

（二）开放性

开放性是经济全球化的内在要求，只有开放才能促进生产要素的合理流动，只有开放才能在竞争的环境下促进产业的培育和发展。在全球化背景下，发展现代产业体系需要更深、更广地参与国际产业分工，充分利用国内外资源，充分发挥国际、国内两个市场的作用，逐步形成引进来和走出去的平衡发展局面，充分利用国际产业分工体系，在进一步发挥比较优势的同时，不断增强我国产业体系的核心竞争力，逐步实现由比较优势向核心竞争优势转变。

（三）融合性

融合性是现代产业体系发展的重要特征。这种融合互动表现在多个方面：首先是信息技术对包括工业、服务业和农业在内的几乎所有产业的嵌入和渗透；其次是服务业对工业、农业的融合和渗透，在现代工业和农业的发展过程中，服务业的价值链越来越长，现代制造业应包括从市场调研开始到售后服务直到产品报废回收的全过程；最后是各产业内部行业间的相互渗透和融合，使得行业界线趋于模糊，如汽车产业就涉及几乎所有的工业行业。

（四）生态性

生态性是现代产业体系的基础特征。构建现代产业体系必须从生态伦理的角度考虑问题，不断探索经济建设与环境保护双赢的发展道路。现代产业体系是生态文明下的一种经济组织形态，具体表现在各个产业都发展循环经济。循环经济不仅要求企业内部、企业之间和产业内部生产过程的循环，也要求产业之间生产过程的循环，并在产业内部和产业之间建立完善的生态关系。

（五）集聚性

集聚性是现代产业体系的空间特征。从20世纪80年代开始，产业集群化的趋势日趋明显，产业的集群发展已经成为获得竞争优势的基本途径之一，特别是对处于价值链各个环节的中小企业来说，集群已成为生存和发展的必要环境。

（六）可持续性

现代产业体系应该是可持续发展的产业体系。高质量、高效益和低消耗、低污染是现代产业体系持续发展的重要标志。可持续发展作为标志人类文明史进入一个新阶段的发展观和发展模式，被提到全球战略的高度，成为世界趋势。可持续发展要求我国一方面要加快发展现代服务业，另一方面要逐步做到制造业所提供的产品全寿命周期无污染、资源低耗及可回收、可重用，用最小的资源代价和环境代价来保持经济的快速发展。

（七）动态适应性

传统产业体系的基本特征之一是标准化和大批量。在现代经济发展过程中，随着技术进步速率加快及消费者需求个性化、多样化趋势不断增强，市场需求也表现出越来越明显的多变性和动态性，现代产业体系必须不断适应消费结构和市场需求结构的发展趋势，使生产方式和生产组织形式更具有灵活性和动态适应性。

三、现代产业体系的结构框架

现代产业体系的结构使现代服务业、先进制造业和现代农业分别成为第三、第二、第一产业的主导产业,高新技术产业、优势传统产业和基础产业成为现代产业体系的支柱,如图6-1所示。

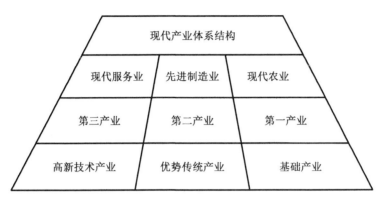

图6-1 现代产业体系结构图

(一)现代服务业与先进制造业的互动结构

现代服务业是指伴随着信息技术和知识经济的发展,用现代化的新技术、新业态和新服务方式改造传统服务业,创造需求,引导消费,向社会提供高附加值、高层次、知识型的生产服务和生活服务的服务业。现代服务业具有智力要素密集度高、产出附加值高、资源消耗少、环境污染少等特点。先进制造业是广泛采用先进技术和设备、现代管理手段和制造模式,科技含量较高的制造业形态。推进新型工业化进程,打造优势产业集群,需要发展与之匹配的现代服务业,先进制造业快速发展又可为现代服务业提供更广阔的空间。现代服务业与先进制造业的互动表现在四方面。一是项目互动。结合产业项目规划、园区经济发展,培植产业集群和招商引资活动,共同推进先进制造业与现代服务业,为先进制造业发展提供服务配套,为现代服务业发展提供产业基础。二是科技互动。先进制造业与现代服务业互动发展的基础在于科技互动,合力构建自主创新平台。三是信息互动。随着信息技术应用深度和广度的不断延伸,先进制造业与现代服务业的互动平台更加宽广。四是人才互动。实现先进制造业与现代服务业互动发展,关键在于开发利用好智力资源,为先进制造业与现代服务业的互动发展提供人才支撑。

(二)高新技术产业与优势传统产业的点线面结构

高新技术产业通常指那些以高新技术为基础,从事一种或多种高新技术及其产品的研究、开发、生产和技术服务的企业集合。这种类型的企业一般具有一定的生产规模,其产品占有一定的市场份额,运用高新技术装备、高新技术工艺方法生产传统产品,即高新技术对传统产业的改造。发展高新技术,实现产业化,是带动城市产业结构升级、大幅度提高劳动生产率和经济效益的有效途径。高新技术产业作为国民经济的战略性先导产业,日益成为国际、国内区域竞争的前沿与焦点,其产业发展水平不仅决定着一个国家或地区在全球经济中的分工地位和竞争力,也影响着其今后的发展模式和潜力。信息、计算机、电子和生物技术等高新技术构成了现代经济的核心。高新技术通过降低不同产业的进入壁垒以允许企业进入新的市场,进而不断推动高新技术产业与传统产业的融合。通过引导生产要素向优势地区、产业基地和产业园区集聚,促进形成产业特色鲜明、配套体系完备的高技术产业群。高新技术产业与优势传统产业的点线面结构如图6-2所示。

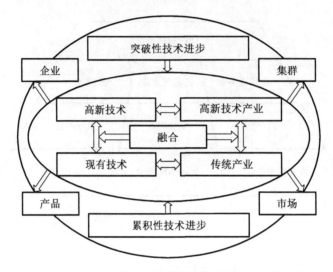

图6-2　高新技术产业与优势传统产业的点线面结构

(三)现代农业与基础产业的生态网络结构

现代农业是以资本投入为基础,以工业化生产手段和先进科学技术为支撑,有社会化的服务体系相配套,用科学经营理念管理的农业形态。现代农业的核心是科学化,特征是商品化,方向是集约化,目标是产业化。基础产业是支撑社会经济运行的基础,它决定和反映着国民经济活动的发展方向与运行速度,如能源、交通、运输、原材料等基础产业,占到我国国有资产总量的70%。基础产业的发展是其他产业发展的基础,该产业的发展状况决定着其他产业的发展水平。现代农业和基础产业的规模集约化发展,可以有效带动服务业和旅游业的发展。

第二节　河北省产业体系发展现状

一、河北省产业体系的演进

现代产业体系的建立既包括对传统产业的升级和调整,也包括新兴产业的建立与发展。区域现代产业体系的建立不能凭空盲目发展新兴产业,否则会造成产业体系与当地经济发展脱节。产业体系的演进是区域产业发展的过程,体现着产业发展规律与本地要素禀赋、经济、社会发展相结合的特殊性。从一定程度来说,产业体系的演进过程就是当地经济发展的过程。分析区域产业体系的演变有利于了解当地各产业发展的基础和定位,有利于分析当地产业发展的特有途径,这对建立现代产业体系有重要的指导意义。

改革开放后河北省拉开了经济起飞的序幕,产业体系发生了显著而深刻的变化,经历了由产业结构演变带动经济形态实质性变迁的历程。在这个过程中,产业发展和结构调整一直是河北省经济工作的重心。从三十多年的产业发展过程看,河北省产业体系演进可分为四个时期。1978—2013 年河北省三次产业比重变动情况见表 6 - 1。

表 6 - 1　1978—2013 年河北省三次产业比重的变动情况

年份	总产值 /亿元	第一产业产值 /亿元	第一产业比重 /%	第二产业产值 /亿元	第二产业比重 /%	第三产业产值 /亿元	第三产业比重 /%
1978	183.06	52.20	28.5	92.38	50.5	38.48	21.0
1979	203.22	61.11	30.1	101.76	50.1	40.35	19.9
1980	219.24	68.09	31.1	105.88	48.3	45.27	20.6
1981	222.54	71.03	31.9	103.15	46.4	48.36	21.7
1982	251.45	85.99	34.2	107.83	42.9	58.03	23.1
1983	283.21	102.10	36.1	114.89	40.6	66.22	23.4
1984	332.22	111.46	33.6	145.84	43.9	74.92	22.6
1985	396.75	120.34	30.3	184.26	46.4	92.15	23.2
1986	436.65	123.45	28.3	207.28	47.5	105.92	24.3
1987	521.92	137.66	26.4	255.97	49.0	128.29	24.6
1988	701.33	162.31	23.1	323.40	46.1	215.62	30.7
1989	822.83	196.35	23.9	374.92	45.6	251.56	30.6
1990	896.33	227.89	25.4	387.52	43.2	280.92	31.3
1991	1 072.07	236.89	22.1	459.91	42.9	375.27	35.0
1992	1 278.5	257.08	20.1	573.15	44.8	448.27	35.1
1993	1 690.84	301.68	17.8	847.92	50.1	541.24	32.1
1994	2 187.49	451.91	20.7	1 053.12	48.1	682.46	31.2
1995	2 849.52	631.34	22.2	1 322.77	46.4	895.41	31.4
1996	3 452.97	700.94	20.3	1 664.61	48.2	1 087.42	31.5
1997	3 953.78	761.76	19.3	1 934.38	48.9	1 257.64	31.8
1998	4 256.01	790.60	18.6	2 084.33	49.0	1 381.08	32.5
1999	4 514.19	805.97	17.9	2 188.59	48.5	1 519.63	33.7
2000	5 043.96	824.55	16.3	2 514.96	49.9	1 704.45	33.8
2001	5 516.76	913.82	16.6	2 696.63	48.9	1 906.31	34.6

表6-1(续)

年份	总产值/亿元	第一产业产值/亿元	第一产业比重/%	第二产业产值/亿元	第二产业比重/%	第三产业产值/亿元	第三产业比重/%
2002	6 018.28	956.84	15.9	2 911.69	48.4	2 149.75	35.7
2003	6 921.29	1 064.05	15.4	3 417.56	49.4	2 439.68	35.2
2004	8 477.63	1 333.57	15.7	4 301.73	50.7	2 842.33	33.5
2005	10 096.11	1 503.07	14.9	5 232.50	51.8	3 360.54	33.3
2006	11 515.76	1 461.81	12.7	6 115.01	53.1	3 938.94	34.2
2007	13 709.50	1 804.72	13.2	7 241.80	52.8	4 662.58	34.0
2008	16 188.61	2 034.60	12.6	8 777.42	54.2	5 376.59	33.2
2009	17 235.48	2 207.34	12.8	8 959.83	52.0	6 068.31	35.2
2010	20 197.10	2 565.03	12.7	10 704.46	53.0	6 927.61	34.3
2011	24 228.20	2 907.38	12.0	13 107.46	54.1	8 213.36	33.9
2012	26 575.00	3 189.00	12.0	14 005.03	52.7	9 380.98	35.3
2013	28 301.40	3 509.37	12.4	14 745.03	52.1	10 046.97	35.5

数据来源:《河北经济年鉴2010》,中国统计出版社,2010。

《河北省国民经济和社会发展第十二个五年规划纲要》实施中期(第三方)评估报告。

第一个时期大致为1978—1983年。此期间河北省的三次产业比例由1978年的28.5∶50.5∶21.0发展到1983年的36.1∶40.6∶23.4。特别是第一产业得到迅速发展,比重由28.5%上升到1983年的36.1%,上升了7.6个百分点,年均增长率为11.8%。第三产业变化比重不大,仅增加了2.1个百分点。而相应的第二产业产值比重虽然在三次产业中居首位,却从50.5%下降为40.6%,下降幅度较大。第二产业产值的年均增长率也仅为3.7%。三次产业产值比重是动态的,是在三次产业绝对量增长的前提下的相对比例。在这个时期内第二产业比重下降最主要的原因是第一产业绝对量的激增。这是由于改革开放后,20世纪80年代初期农村推进的经济体制和农业改革措施发挥了作用,农民生产积极性提高,长期受到压抑的农业生产力得到释放,促使了第一产业迅速发展。另一方面,这个时期内河北省的第二产业还处于产业形成与调整时期,产业发展并不迅速。

第二个时期为1984—1992年。此期间河北省的非农产业迅速发展。三次产业比重由1984年的33.6∶43.9∶22.6发展到1992年的20.1∶44.8∶35.1。第一产业产值所占比重快速下降,产值的年均增长率为9.7%。第二产业所占比重虽然仅增长了0.9%,但产值年均增长率为16.4%。第三产业快速发展挤占了第二产业的比重,第三产业产值从1984年的74.92亿元增加到1992年的448.27亿元,年均增长率为22.0%。从全国范围来看这一阶段经济体制改革从农村转向城市,第三产业大量兴起,非农产业得到较大的发展空间。从河北省来看,1985年以来经济工作重点放在大中型企业,大力发展食品、饲料、建材加工业、采矿业及家电等轻工业。20世纪80年代中期,由于市场需求的拉动,河北省轻工业发展迅

速,如纺织服装业成为一大优势产业。1992 年河北省全部独立核算工业企业产值为
1 116.29 亿元,其中纺织业缝纫业产值为 153.15 亿元,所占比例达到 13.7%。另外,能源、
原材料产业规模逐渐扩大,煤炭、电力、钢铁工业也成为产业体系中的主导产业。

第三个时期为 1993—2003 年。在此期间,三次产业比重从 1993 年的 17.8:50.1:32.1
发展到 2003 年的 15.4:49.4:35.2。第一产业比重平稳下降,产值年均增长率为 12.1%;第
二产业所占比重变动较小,基本维持在 49% 左右,产值年均增长率为 13.5%;第三产业比重
平稳上升,且年均增长率为 14.7%。自十四大以来,我国社会主义市场经济体制改革逐步
深化,推动了工业企业的发展。在此期间河北省产业体系中工业化特征已较为明显,已经
形成了以钢铁、食品、医药、机械、化工、建材、纺织等为优势产业的工业体系。自 1994 年以
来,河北省继续扩大对外开放的力度,实行"外向带动、两环结合、内联入手、引外突破"的发
展策略,充分利用外资,大量的外资注入第二产业,成为第二产业发展的推动力。

第四个时期为 2004 年至今。近几年河北省的产业发展变化出现了与国际产业结构演
进规律相背离的特征,突出特点是第二产业比重持续上升。在国际产业发展的实践中,随
着经济社会的进步,第二产业比重在达到 50% 的水平后应逐步下降,同时第三产业发展较
快,比重上升。但河北省近几年的产业发展过程却与这个趋势相悖。2004 年第二产业比重
为 50.7%,2013 年上升为 52.1%,成为改革开放以来河北省第二产业比重的最大值,保持
了较高的年均增长率。而第三产业比重却停滞不前甚至出现倒退,产值增长率低于第二产
业增长率。这是因为第三产业中新兴服务业规模较小,相对于扩张的第二产业则出现比重
逐渐下降的趋势。虽然近几年河北省的医药制造、电子设备制造、汽车行业及新能源产业
取得了较快的发展,但在产业体系中所占比例较小。第二产业构成中重工业比重过大,煤
炭开采、石油化工等传统资源型行业仍是产业体系中的主要支柱产业。

总结河北省三十多年来的产业体系演进过程,可以发现最突出的特点就是第二产业在
国民经济的比重中一直居于首位。不论是 20 世纪 80 年代以轻工业(纺织、食品制造)为主
的工业体系,还是近几年以煤炭开采业、石油化工业为主的重工业产业体系,第二产业所占
比例都保持在 50% 左右。这种特殊的产业体系演进过程使河北省当前的产业体系中积累
了若干弊端,成为河北省发展现代产业面对的首要问题。

二、河北省产业体系现状

根据资料显示,河北省产业结构的现状如表 6 - 2 所示。

(一)从产业结构看

从三次产业结构看,第二产业比重高,服务业发展慢。2013 年,河北省三次产业的产值
结构为 12.4:52.1:35.5。与 2002 年相比,第二产业变重(提高 3.7 个百分点),第三产业变
轻(下降 0.2 个百分点)。特别是第三产业,占比从 2002 年 35.7% 的历史最高水平,下降到
2008 年的 33.2%,低于全国 6.9 个百分点,低于浙江省 7.8 个百分点,低于江苏省 5.3 个百
分点。就业结构看,第一产业从业人员比重由 2002 年的 48.4% 下降到 2007 年的 40.4%,
第二产业从业人员比重从 27.0% 上升到 31.0%,第三产业从业人员比重从 24.5% 提高到
28.6%。五年间,第一产业从业人员下降幅度较大,第二、三产业吸纳人员升幅不大,显示
出一种产业结构与就业结构不相匹配的非典型化特征。毋庸置疑,与发达地区相比,河北
省三次产业比例还不协调,随后虽有所回升,但是仍然低于 2002 年的水平,发展缓慢。

表6-2 河北省产业结构状况 单位:%

年份	第一产业		第二产业		第三产业	
	增加值/地区生产总值	就业/总数	增加值/地区生产总值	就业/总数	增加值/地区生产总值	就业/总数
2002	15.9	48.4	48.4	27.0	35.7	24.5
2003	15.4	48.2	49.4	27.2	35.2	24.6
2004	15.7	45.9	50.7	28.2	33.5	25.9
2005	14.9	43.8	51.8	29.2	33.3	26.9
2006	12.7	42.2	53.0	30.0	34.2	27.8
2007	13.2	40.4	52.8	31.0	34.0	28.6
2008	12.6	39.8	54.2	31.4	33.2	28.8
2009	12.8	39.0	52.0	31.7	35.2	29.3
2010	12.7	37.9	53.0	32.4	34.3	29.8
2011	12.0	36.3	54.1	33.3	33.9	30.4
2012	12.0	34.9	52.7	34.3	35.3	30.8
2013	12.4	—	52.1	—	35.5	—

数据来源:《河北经济年鉴2013》,中国统计出版社,2013。"—"表示数据暂无。

《河北省国民经济和社会发展第十二个五年规划纲要》实施中期(第三方)评估报告。

(二)从工业内部看

河北省结构偏重,重工业加速发展的阶段性特征突出。

(三)"两头在外"的特征明显,对外部资源和市场的依赖性强

河北省支柱产业"一钢独大",装备制造业、纺织等产业地位弱。钢铁产业发展需要消耗大量铁矿石、煤炭等资源,河北省50%的铁矿石需从国外进口,外部需求和原材料市场波动对企业的订单和原料成本影响较大。

(四)支柱产业实力单薄,抗风险能力受限

河北省装备制造业、高新技术产业规模较小,原材料工业比重较高,钢铁业大而不强,增加值超过500亿元的行业只有黑色金属冶炼及压延加工业1个(广东省有7个,山东省有9个,江苏省有8个,浙江省有3个),抗风险能力较低。

(五)产品技术含量不高,产业创新能力不强

河北省R&D投入强度(研究与发展经费占GDP的比重)连续三年徘徊在0.66%,不足全国平均水平的一半。从科技人员数量看,2008年末,河北省共有14.6万人,分别为广东省的29.2%、江苏省的31.39%、河南省的74.48%。

与发达国家和地区相比,河北省的产业结构"黑粗重弱"。问题是河北省钢铁产业基础

雄厚,为什么没有上升到产业结构的高端,而总是徘徊在中低端?应该采取什么样的政策措施,进一步提升钢铁企业技术进步、产品升级的积极性,产品结构升级的成本收益究竟如何?对于河北省三次产业结构失调的问题,要素禀赋结构因素能够解释大部分原因,剩下的原因就要站在全国乃至全球产业分工的角度进行解释,而不能局限于河北省范围内来认识。河北省的资源和产业基础支持河北省发展重工业,我国处于工业化中期的发展阶段,也支持河北省产业结构的重工业发展,这也是河北省重视第三产业而长期难以实现快速发展的原因。对于高新技术产业和第三产业发展不快的原因,还可以从这些产业发展所需要的完善的制度环境和政府服务效能上找到答案。因为这些产业发展对制度环境高度敏感,对人才、资本和技术的依赖程度高,而河北省明显不占优势,产业发展失去了要素支持和环境支撑。更重要的是,高新技术产业、第三产业特别是现代服务业的发展,需要有第二产业的快速发展作基础,河北省第二产业虽然比重较高,但是利润剩余和资本积累仍然不能满足这些产业的发展需要。如果决策部门坚持大力扶持发展,只有采取倾斜扶持政策,重走我国优先发展重工业的老路,不仅就业结构不能改善,经济增长速度还会下滑,成为没有产业结构合理化基础支持的"虚高度化"。

河北省产业结构呈现当前的状态,除了要素禀赋结构之外,还有一个深层次原因不容忽视,那就是产业发展的制度环境和政策因素,主要是政府干预过多,产业发展战略和产业政策多变,支持力度不足,实施方式不连贯、不细致,影响产业结构转型升级。河北省国有经济比重长期较高,国有企业改革进展不快,加重了企业的政策性负担,也影响了民间资本和中小企业的成长,新的具有比较优势的产业发展迟缓,资源配置发生错位,资源利用效率和经济增长绩效受到了严重影响。

(六)三次产业之间的结构现状

经过三十多年的产业发展与调整,河北省逐步形成了当前典型的"二三一"型产业体系,产业结构重型化,与全国平均水平及各省份相比,产业体系优化程度较低。在全国范围来看,河北省虽然经济总量处于前列,但产业发展程度低,产业结构优化程度低。第三产业所占比重一定程度上反映了地区产业发展程度和类型。2013年河北省第三产业比重为35.85%,低于全国的平均水平,在全国各省份中处于倒数。产业结构主要表现为第二产业比重高,第一、三产业比重低,产业重型化严重。

产业劳动力在三次产业之间的分配反映了地区产业结构的有效性及产业的劳动生产率。根据产业发展理论和发达国家产业发展实践,随着三次产业的发展,相应的就业人口也会在三次产业之间流动,第三产业成为主要的就业渠道:一方面是因为第三产业兴起后,劳动密集型的服务业会吸纳更多的就业人口;另一方面是因为农业和工业劳动生产率的提高,释放了更多的劳动力。发达国家在20世纪90年代初服务业就业比重已经超过70%。河北省当前的就业结构与产业构成是不尽合理的。以2012年为例,2012年河北省三次产业就业人员占总就业人员比重分别为34.9:34.3:30.8,同期全国的平均水平为36.1:33.67:30.3。河北省第一产业产值比重为12.0%,而就业人口比重为36.1%,这表明第一产业中存在过多的剩余劳动力。第二产业产值比重一直上升,但吸纳的就业人口增长却比较缓慢,超过50%的产值比重只吸纳了33.6%的劳动力。在第三产业中,河北省的产值比例和就业人口比例都低于全国平均水平。三次产业的产值、就业人口比重仅体现出三次产业发展的相对水平。

自改革开放以来三次产业的比较劳动生产率都有下降的趋势,特别是第一产业的比较劳动生产率一直较低,但第一产业还是吸收劳动力的主要方面。作为经济主导的第二产业吸纳就业人口虽逐年增多,但与第二产业的产业体系与规模投入相比其比较劳动生产率并不高。可见当前河北省三次产业的就业人员结构与产业结构都不尽合理,制约了河北省产业结构的升级。

(七)三次产业内部的结构现状

1. 第一产业内部结构现状

河北省是农业大省,1995年后开始进行农业结构调整,产业化经营规模扩大,农业产值逐年提高,农业内部结构也逐渐优化,现已形成了畜牧、蔬菜、果品三大优势产业。2000—2012年农林牧渔产值及构成情况见表6-3。

表6-3 2000—2012年农林牧渔产值及构成情况

年份	农林牧渔业总值/亿元	农业		林业		牧业		渔业		农林牧渔服务业/亿元
		产值/亿元	构成/%	产值/亿元	构成/%	产值/亿元	构成/%	产值/亿元	构成/%	
2000	1 544.65	846.72	54.82	25.37	1.64	613.68	39.73	58.88	3.81	—
2001	1 680.33	899.38	53.52	34.02	2.02	685.77	40.81	61.16	3.64	—
2002	1 728.85	918.62	53.13	37.49	2.17	706.82	40.88	65.92	3.81	—
2003	1 877.37	958.30	51.04	41.27	2.20	721.31	38.42	57.72	3.07	98.78
2004	2 285.56	1 135.75	49.69	40.02	1.75	924.78	40.46	72.08	3.15	112.93
2005	2 379.17	1 258.00	52.88	40.13	1.69	879.38	36.96	79.44	3.34	122.21
2006	2 466.37	1 380.45	55.97	45.85	1.86	832.32	33.75	72.75	2.95	135.00
2007	3 075.77	1 639.07	53.29	52.37	1.70	1 146.99	37.29	85.14	2.77	152.20
2008	3 505.23	1 760.75	50.23	55.89	1.59	1 410.82	40.25	102.77	2.93	175.00
2009	3 640.93	1 958.79	53.80	39.69	1.09	1 350.10	37.08	108.38	2.98	183.99
2010	4 309.42	2 470.11	57.32	51.26	1.19	1 443.76	33.50	142.47	3.31	201.83
2011	4 895.88	2 775.27	56.69	58.78	1.20	1674.04	34.19	163.58	3.34	224.21
2012	5 340.11	3 095.29	57.96	77.88	1.46	1 747.66	32.73	177.74	3.33	241.54

数据来源:《河北经济年鉴2013》,中国统计出版社,2013。

从表6-3可以看出,当前河北省第一产业内部结构中,农业种植业仍为主要产业,所占第一产业产值比重从2000年的54.82%上升到2012年的57.96%,一直维持在50%左右,有增长的趋势,主要农作物为谷物、豆类、薯类、棉花、油料作物等。畜牧业已经成为河北省主要的优势产业,近些年总体处于增长的态势。三鹿奶粉事件后,河北省的畜牧业受到严重影响,但由于处理妥善,补救措施及时,畜牧业依然占较大的比重。2012年畜牧业完成产值1 747.66亿元,绝对额比重达到了32.73%。林业、渔业的总产值比重较小且出现了逐年下降的趋势。从河北省的地表构成来看,山地面积占37.4%,一些山区的林业优势没有充分挖掘,致使林业发展缓慢。同样河北省是环渤海大省,拥有 487 km 的海岸线和2.21%的湖泊洼淀,渔业发展还有较大的提升空间。河北省是农业大省,但不是农业强省,农业现代化程度还较低,大多数农业生产部门分散经营,集约化、规模化程度低,导致河北省农业现代化进程较慢。

2.第二产业内部结构

第二产业是河北省经济的主要支柱,给河北省经济带来一半以上的贡献。其中的高新技术产业部门是衡量第二产业内部结构的主要标志。为更好地分析河北省工业内部高新技术产业的现状和发展水平,下面用区位商分析方法对河北省工业发展进行分析。区位商是指区域某一产业部门产出指标在区域总指标中所占的份额与全国该产业部门指标在全国总值中所占份额的比率。其计算公式为

$$Q_{ij} = \frac{\dfrac{L_{ij}}{\sum\limits_{i1}^{n} L_{ij}}}{\dfrac{L_j}{\sum\limits_{i1}^{n} L_j}}, \quad (i,j = 1,2,\cdots,n)$$

式中,Q_{ij} 为区位商值,i 表示第 i 个地区,j 表示第 j 个产业部门;L_{ij} 为第 i 区域第 j 产业部门产出指标值,L_j 为全国第 j 个产业部门产出指标。利用区位商可以分析区域某一产业部门的相对集中度,若 $Q_{ij} > 1$,说明该产业部门专业化程度较高,在全国范围内也具有较强的相对优势;若 $Q_{ij} < 1$,说明产业部门专业化程度低,在全国的发展中处于相对劣势。

河北省代表高新技术产业的医药制造业,专用设备制造业,交通运输设备制造业,电气机械及器材制造业,通信设备、计算机及其他制造业,仪器仪表及办公用品制造业的区位商都小于1,这充分说明河北省的高新技术产业专业化程度低,在全国的发展中处于劣势,这导致河北省工业整体竞争力不高,工业结构优化程度低,高新技术产业发展缺乏优势。

3.第三产业内部结构

随着经济的快速发展,我国第三产业保持了较快的增长,也带来了新的经济增长点,但从河北省看,第三产业整体发展水平较低。1999—2012 年河北省第三产业主要部门发展变化见表 6-4 所示。

第三产业的支柱行业主要集中于传统服务行业,交通运输、仓储业、批发零售业对第三产业的发展支撑强、贡献大。1999—2012 年,交通运输、仓储业和邮政业由 359.85 亿元增加到2 212.93亿元,比重基本保持在20%以上。而为生产和生活提供服务的金融保险业却没有得到充分发展,所占比例仅为 9.7%。社会经济的发展需要金融保险业的支持和服务,而河北省与经济快速增长相对应的金融业却没有跟上,这与快速发展的社会经济是极不协调的。第三产业的其他方面包含的是为社会公共提供服务的部门,如卫生、体育、科学研究等部门,这些公共部门服务近些年得到了平稳的发展。总体来看,第三产业整体发展水平低,内部结构不均衡,传统主导行业拉动力不足,新兴行业规模较小,这种结构水平不利于现代产业的发展和社会的进步。随着市场需求的变化,传统部门的发展势头必然放缓,而新兴的行业将成为未来第三产业的新增长点,所以河北省应顺应市场需求,培育发展新兴服务业。

表 6 - 4   1999—2012 年河北省第三产业主要部门发展变化   单位:亿元

年份	总产值	交通运输、仓储和邮政业	批发零售等	金融业	房地产业	其他
1999	1 519.63	359.85	411.54	199.40	85.71	246.07
2000	1 704.45	415.79	459.00	183.77	99.53	292.48
2001	1 986.47	498.81	501.66	171.62	106.80	336.53
2002	2 119.52	554.91	550.06	184.25	115.16	394.33
2003	2 377.04	611.96	603.20	205.04	136.85	445.67
2004	2 763.16	724.34	689.24	231.59	154.38	963.61
2005	3 360.54	702.00	713.78	211.17	291.51	1 442.08
2006	3 938.94	971.50	783.17	229.72	354.60	1 549.95
2007	4 662.98	1 161.63	847.39	353.22	409.64	1891.10
2008	5 376.59	1 281.27	992.76	419.01	435.87	2 247.68
2009	6 068.31	1 491.92	1 404.94	525.67	612.4	2 033.38
2010	7 123.77	1 745.91	1 529.26	615.42	697.79	2 270.37
2011	8 483.17	2 046.22	1 780.63	746.01	918.02	2 653.38
2012	9 384.78	2 212.93	2 024.29	913.66	982.05	2 862.98

数据来源:根据历年《中国统计年鉴》整理而得。

三、河北省构建现代产业体系面临的问题

(一)现代产业发展基础薄弱

1. 第三产业比重低

2012 年底,河北省第一、二、三产业比大致为 13.4:52.1:35.5,第三产业增加值比重为 35.5%,比全国平均水平 44.6% 低 9.1 个百分点,服务业不发达,配套条件跟不上,就会使许多进驻河北省的大企业感到很"孤单"。

2. 工业结构层次低

河北省工业大多处于产业链的中低端,产业链短且不完整。一是初级产业比重高。河北省工业增加值排前五位的行业都是能源、原材料工业,其增加值占河北省工业的 50% 以上。二是高新技术产业规模小。高技术产业增加值占规模以上工业的 2.8%,居沿海省份第 10 位。三是制造业水平低,过度依赖钢铁。河北省钢铁工业增加值占河北省工业比重超过 1/4,超出全国平均水平近 20 个百分点。四是产业链短。钢铁是河北省第一大产业,但钢铁产品结构与用钢需求之间存在产业断点,如河北省管道装备年生产能力 2 500 多万吨,但所需钢材绝大部分需从外省购进;具有比较优势的医药制造业也是以原料药生产为主。

3.要素配置效率低

河北省经济增长主要依赖于资源、资金投入和劳动力成本优势。从能源消耗看,河北省消耗了全国约8.9%的煤炭却只制造出全国约5.6%的经济总量。从资金投入看,河北省经济增长是典型的投资拉动型,投资约占经济总量的89%,对经济增长的贡献率超过50%。

(二)产业发展方式不合理

现代产业体系是合理化、高度化、具有持续生产能力的产业体系,尤其在工业制造业方面实现"低投入、高产出"的高效生产方式,只有这样的生产方式才能保证生产的可持续性。就当前第二产业体系内部各行业的发展来看,煤炭开采业、钢铁行业一直处于稳定的增长趋势,成为工业体系的主导。这些行业都是利用大规模、高强度的资源投入换取产出。这样的生产方式短期内经济效益好、回报高,且不需要较高的技术创新和升级,但长期以来形成了依赖资源、资本大量投入的传统发展路径,使企业和行业产生了发展思维的惯性和创新惰性。这样的生产方式致使生产低端扩张,以钢铁行业为例,河北省拥有大量的钢铁企业和丰富的铁矿资源,但生产和开采企业的规模不一,在一些拥有铁矿资源的山区县中,小型开矿企业遍地开花,开采方式和生产技术不足,有的甚至不具备正常的开采资格。类似这样的小型开矿企业生产安全得不到保障,存在严重的安全隐患,特别是低端的开采行为给当地生态环境带来严重的破坏,引发一系列经济、社会、生态问题。正是由于一些低端的钢铁生产企业的存在才催生出若干不合理的开矿行为。要建立现代工业体系,从根本上解决这些问题,必须摒弃这种以资源投入换产出的发展方式。

(三)产业竞争力较弱

区域产业体系不仅要有主导产业,还要有具备一定产业竞争力的产业部门,使产业发展具有活力,通过产业关联带动整个产业体系的发展。目前河北省众多行业中,具有优势竞争力的行业较少。黑色金属冶炼及压延加工业、黑色金属矿采选业、电力热力生产供应业、煤炭开采和洗选业、石油加工炼焦加工业这五个行业的增加值排在河北省工业部门增加值的前五位。这五个行业无一例外都是资源投入型行业,科技含量不高,不具有长期持续的竞争力。大型企业是行业发展的排头兵,但河北省具有优势竞争力的大型企业较少。一些企业对市场的反应机制滞后,不能及时根据市场变化调整经营策略,在管理手段和产品营销渠道上不具有优势,开拓市场的能力不强,占有的市场份额较小,影响了企业规模的扩大。全国工业500强中,仅有16家河北企业,而且其中钢铁企业有10家、煤炭企业3家,长城汽车是唯一一家入选的装备制造企业,但排名却在第436位。知名企业的缺失也导致河北省低端产品较多,品牌较少。产业竞争力还体现在产业园区的强弱上。产业园区是相关行业聚集的平台,能发挥产业聚集优势和规模效益。较发达的长三角、珠三角地区都拥有较多规模大、配套设施齐全的工业园区。河北省除了保定市借助发展低碳城市,打造的"中国电谷"工业园区具有一定的品牌优势以外,其他城市虽然都有产业园区和高新技术开发区,但大多园区的规模较小,专业化程度低,产业定位雷同,没有形成大型的、有特色的先进制造业产业园区,这样导致不能形成产业集聚规模,影响产业竞争力的提高。

（四）现代产业体系要素不足

1.资本投资结构不合理

资本对产业体系建立的影响主要体现在两个方面：一方面是资金的充裕程度即资本总量对产业发展的影响；另一方面是资金对不同产业的投资偏向即投资结构的影响。随着经济发展程度的提高，资本投资总量逐渐上升，这有利于企业扩大再生产。而投资结构主要受政策指导、资本回报率等因素影响，所以资本会向不同的产业、行业流动。获得资本注入的行业、产业发展迅速，而资本流动偏好较低的行业发展则缓慢，所以当前投资结构是影响产业发展的主要因素。2012 年河北省固定资产投资使用情况见表 6－5。

表 6－5　2012 年河北省固定资产投资使用情况

产业分组	行业分组	投资额/万元	投资比例/%
全省总计	行业部分	196 612 832	100
第一产业	农林牧渔业	8 044 010	4.10
第二产业	合计	93 870 265	47.74
	采矿业	6 205 297	3.16
	制造业	80 088 876	40.73
	电力、热力、燃气及水生产	7 133 731	3.63
	建筑业	442 361	0.22
第三产业	合计	94 698 557	48.16
	批发和零售业	6 582 986	3.34
	交通运输、仓储和邮政业	15 432 510	7.85
	住宿和餐饮业	2 146 556	1.09
	信息传输、软件等	887 999	0.45
	金融业	243 822	0.12
	房地产业	46 565 244	23.70
	租赁和商务服务业	2 108 456	1.07
	科学研究和技术服务业	1 104 358	0.56
	水利、环境和公共设施管理业	12 002 054	6.10
	居民服务、修理和其他服务业	712 650	0.36
	教育	2 088 823	1.06
	卫生和社会工作	1 118 030	0.57
	文化、体育和娱乐业	2 138 004	1.09
	公共管理、社会保障和社会组织	1 567 065	0.80

资料来源：根据《河北经济年鉴 2013》计算而得。

通过表 6－5 可以看出，2012 年固定资产投资总额中 47.74% 的投资注入了第二产业，第三产业得到投资总额的 48.16%,而第一产业得到投资总额的 4.10%,说明对第三产业的重视程度在不断提升。分行业来看,第二产业中的制造业仍是投资的主要领域,占河北省总投资额的 40.73%。第三产业中房地产业成为最主要的投资领域,几乎占第三产业投资的一半;信息传输、计算机软件服务行业投资比例为 0.45%,金融业投资比例为 0.12%,这些新兴的服务行业所获得的投资却非常少。从投资结构来看,河北省的固定资产投资仍重点偏向于第二产业和获利较多的房地产行业,而新兴行业和与国计民生相关的公共服务行业获得的投资较少,这样的投资结构不利于现代产业体系的建立和经济社会的全面进步。

2. 高素质人力资本较少

在经济增长理论中,卢卡斯的专业化人力资本增长模式强调了人力资本在经济增长中的重要作用,他认为经济增长的真正源泉是专业化的人力资本积累。在经济增长的实践中,人才是高技术、新设备的使用载体,是创新的源泉。河北省虽然拥有众多的高等院校和科研院所,但优秀的人力资源仍然缺乏。受传统发展方式的影响,企业、社会对资金、项目利益的重视程度高于对人力资本的吸收和建设,利用人才和管理人才的观念、制度落后,不能为优秀人才的发展提供良好的环境。就河北省范围来看,由于众多高校的人才培养模式和方案趋同,人力资本的结构与产业发展不协调。如先进制造业发展急需的装备制造、生物制药工程技术等人才较缺乏,而经济、管理、师范等专业人才则相对充裕,面临着严峻的就业压力。另外,由于河北省毗邻京津等发达城市,高素质人力资本流失现象也比较严重,这正是区域经济理论中的"回程效应"。回程效应是区域梯度发展的一个理论,即处在高梯度的地区在强力极化效果的作用下,经济社会水平不断提高,对于人才而言,生活和发展的条件较好,相对于处在低梯度的边缘区来说,具有越来越大的优势。在这种反差下,边缘区的优质要素必然向高梯度区流动,从而削弱了边缘区的要素积累。在市场经济下,人才作为一种必需的生产要素、社会财富,其流动也必然偏向利润回报率较高的地区。河北省的本地人才大量流向工资水平较高、生活环境较好、发展机会较多的京津地区。现代产业对技术、知识的要求更高,没有充足的高素质人才是很难发展的,所以高素质人才的短缺与外流一定程度上制约了河北省现代产业的发展。

3. 科技创新能力不足

技术创新是行业、产业升级的核心,但河北省当前技术创新能力不足。以 2012 年为例,河北省大中型工业企业 R&D 人员为 55 979 人,占全国总科技人员的 2.49%,对于一个大省来说,这个比例是相当小的。科技产出是直接反映创新能力的一个指标,2012 年河北省大中型工业企业发明专利共 7 841 件,全国同期为 489 945 件,河北省的发明专利数量仅占全国的 1.60%,可见河北省技术创新能力比较薄弱。技术创新能力不仅需要高素质人才作为载体,同样需要充足的科研投入保证技术创新的开发,目前河北省在科研经费投入上也不足(根据《河北经济年鉴 2013》《中国统计年鉴 2013》计算而得)。在研究与试验发展经费支出方面,企业自筹资金比例较高,政府资金投入和金融机构来源较少。可见企业在发展方面是比较注重技术研发投入的,但政府和金融机构给予企业研发的支持较少,现实中便出现了企业生产研发融资困难的现象,影响了企业创新能力的提高,进而成为现代产业发展的制约因素。

第三节　低碳发展与现代产业体系作用机理分析

低碳发展的要求对传统产业体系的升级和改造提出了新的更深层次的要求。产业体系的发展体现着低碳发展要求的内涵特征，而现代产业体系的建立与发展对促进经济增长方式的转型有着深远的影响，是实现低碳经济发展要求的重要手段。

低碳发展与现代产业体系之间存在着非常深刻的内在联系，如图6-3所示。低碳发展可以通过碳排放约束和改变需求结构，从压力和动力两方面推动技术的升级和创新，进而实现传统产业的升级和高新技术产业、新兴产品的发展。

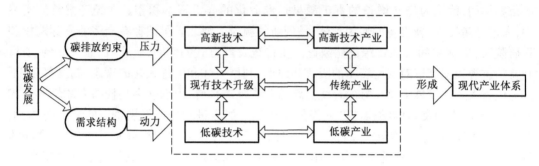

图6-3　低碳发展与现代产业体系的作用机理图

传统产业体系向现代产业体系的蜕变并非是指传统产业的整体退出，而是包括传统产业在内所有产业以新的竞争手段维持着自己的生存。竞争手段的变化和对环境变化的要求，为新兴产业的进入创造了前提。

传统产业体系的蜕变与现代产业体系的形成是一个同步过程，是现代产业体系对传统产业体系的替代过程，是一个新兴产业进入与传统产业改造的过程，也是社会生产体系重新构造的过程。

在当前经营环境发生变化，低碳发展方式已经成为主流指导思想时，现代产业体系的构建，则需要更多地受到低碳发展原则的制约和引导。

2009年，我国政府在丹麦哥本哈根举行的联合国气候变化大会上公布了CO_2减排计划，承诺到2020年CO_2排放比2005年下降40%~45%。这是我国第一次清晰地量化CO_2减排目标。在这种减排压力下，现代产业体系的建立，必须逐步实现CO_2的阶段性量化下降。

在当今世界对碳排放的关注度持续增加的情况下，外贸产品的出口面临着碳关税的制约，对低碳产品的需求量持续增大。

在碳排放约束压力和需求结构动力的双重作用下，产业体系中的传统产业要进行技术升级，增强其环境友好程度，增加节能效果；低碳技术的发展使得低碳产业成为现代产业体系中不可或缺的组成部分；而高新技术具有高附加价值，以低能耗高产值为主要特征。技术升级的传统产业、低碳产业及高新技术产业协调发展，形成了低碳发展背景下的现代产业体系。

一、低碳经济对产业体系的影响

低碳经济的本质要求就是要实现经济发展与气候变化的协调。因此低碳经济对产业

体系的影响主要体现在以下三个方面:

　　①低碳经济要求现有产业低碳化;

　　②低碳经济要求发展低碳产业;

　　③低碳经济决定了主导产业的选择。

(一)低碳经济要求现有产业低碳化

　　根据低碳经济的概念与发展内涵,可以得知低碳经济的目标是实现经济增长的同时,不对气候环境造成恶劣影响,能够保障能源安全,促进经济社会的可持续发展,而实现低碳经济发展模式的根本途径就是要实现经济增长的低能耗、低污染和低排放。

　　马克思把物质世界分为人类社会和自然界。来自自然界的碳排放可以通过植物光合作用而被吸收,大自然具有强大的自我净化能力;而来自人类社会的碳排放无法通过人类社会自身而被吸收,必须通过大自然的净化处理。自从产业革命以来,蒸汽机的发展带领人类社会迈入经济快速增长的发展阶段,由此带来人类三大产业的飞速发展,也正是因为人类生产力水平的提高,改造自然能力的增强,导致吸收 CO_2 的地表植被被大量破坏;产业发展过程中消费了大量的化石能源,而化石能源的消费排放了大量的 CO_2 等温室气体。因此人类社会产业快速发展所造成的大量碳排放被视作全球气候变化的罪魁祸首。

　　人类的产业可以划分为三种类型:第一产业为农业(种植业、林业、牧业、副业和渔业);第二产业包含工业和建筑业;第三产业包含交通运输业在内的所有服务性产业。

　　由于三种产业所使用的资源类型、生产方式及生产技术的不同,导致人类的三种产业活动对气候变化的影响程度是存在差异的,这种差异如图 6-4 所示,即人类各项活动对温室效应的影响比重。

图 6-4　人类各项活动对温室效应的影响比重

由图 6 - 4 可以看出,在引起温室效应产生的人类活动中,生活消费能源所产生影响的比重仅为 13%,废弃物排放的影响比重为 3%,而人类产业活动对温室效应产生的影响程度为 84%,其中第一产业对温室效应产生的影响程度为 16%,第二产业的影响程度为 41%,第三产业的影响程度为 27%(由于第三产业中其他产业排放量较小,因此以交通运输业来代表第三产业的影响)。由此可知产业活动是人类发展过程中对气候变化的关键影响,且第二产业的影响程度最大。

我国各产业碳排放量见表 6 - 6 所示。

表 6 - 6   中国各产业碳排放量   单位:万吨

产业	2002 年	2003 年	2004 年	2005 年	2006 年	2007 年
农林牧渔业	2 345.19	2 383.91	2 969.68	3 067.12	3 188.40	3 129.87
工业	78 693.25	93 364.69	111 046.17	122 965.39	136 103.34	147 265.27
建筑业	662.07	1 399.19	1 585.59	1 657.83	1 776.53	1 924.38
交通运输仓储和邮政业	6 038.43	6 874.90	8 123.89	9 106.85	10 176.73	11 326.01
批发零售餐饮业	991.77	1 102.48	1 242.76	1 839.23	1 429.98	1 551.03

由表 6 - 6 可知,在我国所有产业中,第二产业中的工业碳排放量是最大的,其次是第三产业中的交通运输仓储和邮政业,然后是第一产业和第二产业中的建筑业,最后是第三产业中的批发零售餐饮业等。因此在当前低碳经济的发展要求之下,必须依靠低碳技术对现有的产业进行"低碳化"改造。

在第一产业方面,低碳经济的发展内涵要求大力促进农业的生态化,以此实现农业的低碳化,减少对农业生产中污染较重的化肥的使用;利用环保技术,提高耕地的生产效率;充分利用农业的剩余能量,妥善处理好农业中废弃物的排放;对畜禽养殖废弃物进行无害化处理,建立沼气池等循环利用机制,推广生态养殖模式,最终建立闭环循环的生态农业发展系统。

在第二产业方面,低碳发展要求工业和建筑业的生产过程大力发展节能技术,促进能源使用效率的提高,从而减少化石能源的单位消费量水平;优化产品设计,从源头上减少原材料的投入;借由循环经济原则与方法,进行工业和建筑业废弃物的重新利用,形成无废弃物的生产和建造流程,从而实现第二产业的"低碳化"改造过程。

在第三产业方面,要求升级车辆耗油节能技术,提高单位能源的运输能力;提高混合动力、纯电动等低排放车辆比重;物流系统集成优化,提高远程协作能力,减低无价值产生的运输量,借由低碳技术,实现第三产业碳排放的持续下降。

(二)低碳经济要求发展低碳产业

低碳经济的发展内涵,除了对现有产业进行"低碳化"改造,还要求必须大力发展低碳产业,强力推进低碳产业在产业结构中的结构比重。

虽然业界对低碳产业还没有明确的定义,但是作为"低碳型"的产业,必定具备了低能耗、低污染、低排放的特征。因此本书认为所谓低碳产业指的是在生产或消费过程中,以低能耗、低污染、低排放为特征,能够促进经济低碳化发展的所有产业。

低碳产业应该包含三种类型,即本身具备低碳特征的产业、能够降低碳排放的产业、与低碳排放有关的新兴产业。

1. 本身具备低碳特征的产业

这类产业指的是,在现有产业体系中本身就具备了低碳特征的产业。这类产业多是第三产业,比如金融业、保险业、地质普查业、房地产管理业、公用事业、居民服务业、旅游业、信息咨询、教育、文化、广播、电视、科学研究、卫生、体育和社会福利事业等。

2. 能够降低碳排放的产业

通过这类产业的发展,能够降低经济系统发展过程中对化石能源的依赖程度,从而达到降低单位经济增长的碳排放水平。这类产业主要包括清洁能源和节能减排技术等。

清洁能源包括太阳能、风能、生物能、水电、潮汐和地热等。这类能源的开发和利用可改善当前以煤为主的高碳能源消费结构,降低产业发展过程中由于能源消费所引起的碳排放量。

节能减排技术指的是通过对当前能源利用技术的创新,使得单位能源消费所带来的经济效益增加,这样就会降低单位经济增长所引起的碳排放量,即降低了碳排放强度。节能减排技术往往渗透到各个产业之中,与工业、交通、建筑、冶金、化工、石化等多个部门进行结合。

3. 与低碳排放有关的新兴产业

这类产业指的是由于低碳经济的发展要求及世界各国对碳排放问题的深刻关注,在低碳政策下衍生出来的一些新的产业类型,比如低碳金融包含了碳排放权交易,投资低碳相关产业和技术的基金、信贷产品等。

此外还有一些相关的尚未产业化的新兴低碳技术,如清洁煤、碳捕捉和封存技术等。

清洁煤技术是指在煤炭从开发到利用全过程中,减少污染排放与提高利用效率的加工、燃烧、转化和污染控制等新技术的总称。清洁煤技术主要包括直接烧煤洁净技术和煤转化为洁净燃料技术。前者是在直接烧煤的情况下,需要采用以下相应的技术措施:

①燃烧前的净化加工技术,主要包括洗选、型煤加工和水煤浆技术;

②燃烧中的净化燃烧技术,主要包括流化床燃烧技术和先进燃烧器技术;

③燃烧后的净化处理技术,主要包括消烟除尘和脱硫脱氮技术。

后者指的是煤的气化及液化技术、煤气化联合循环发电技术和燃煤磁流体发电技术。清洁煤技术是当前国际上解决环境问题的主导技术之一,也是高技术国际竞争的重要领域之一。多年来,我国围绕提高煤炭开发利用效率、减轻对环境污染进行了大量的研究开发和推广工作,并随着国家宏观发展战略的转变,已把清洁煤技术作为可持续发展和实现两个根本转变的战略措施之一,得到了中央政府的大力支持。

碳捕捉和封存技术(Carbon Capture and Storage,CCS)是指将所产生的 CO_2 收集起来,并用各种方法储存以避免其排放到大气中的一种技术。该技术可以分为捕集、运输及封存三个步骤。商业化的 CO_2 捕集已经运营了一段时间,技术已发展得较为成熟,而 CO_2 封存技术各国还在进行大规模的实验。CO_2 的捕集方式主要有燃烧前捕集、富氧燃烧和燃烧后捕集。捕集到的 CO_2 必须运输到合适的地点进行封存,可以使用汽车、火车、轮船及管道来进行运输。一般说来,管道是最经济的运输方式。CO_2 封存的方法有许多种,一般说来可分为地质封存和海洋封存两类。地质封存一般是将超临界状态(气态及液态的混合体)的 CO_2 注入地质结构中,这些地质结构可以是油田、气田、咸水层、无法开采的煤矿等。相关的研究表明,CO_2 性质稳定,可以在相当长的时间内被封存。若地质封存点经过谨慎的选择、设计与管理,注入其中的 CO_2 可封存 1 000 年以上。海洋封存是指将 CO_2 通过轮船或管道运输到深海海底进行封存。然而,这种封存办法也许会对环境造成负面影响,比如过高的 CO_2 含量将杀死深海的生物,使海水酸化等。2012 年 8 月 6 日,中国首个 CO_2 封存至地下咸水层的全流程示范工程建成投产,取得了碳捕捉与封存技术领域的突破性进展。由中国最大的煤炭企业神华集团实施的 10 万吨/年"CCS"示范项目,是中国百万吨级煤直接液化示范项目的环保配套工程,被列为国家科技支撑计划重点科研项目。CCS 有望成为全世界减少碳排放份额最大的单项技术。封存工业排放的大量 CO_2,潜力最大的地质结构就是咸水层,仅鄂尔多斯盆地下面的咸水层就能封存几百亿吨的 CO_2,而这种盆地在中国比较多见。这个示范项目的长周期运行,将为中国建设煤基低碳能源系统做出积极的探索,有助于其在清洁利用煤炭资源和温室气体减排方面做出更多贡献。

(三)低碳经济决定了主导产业的选择

低碳经济的发展路线要求,为从产业结构中选择主导产业提供了必要的指导原则和思想。我国正处在工业化和城镇化快速发展的阶段,对能源的需求很大,而且必将持续较长的一段时间。在当前低碳经济发展要求下,高新技术、高效益且低污染的产业类型必将成为主导产业。

我国当前的经济发展态势正处在加快转变经济发展方式的阶段,积极推进特色新型工业化进程,推动节能减排,积极应对日趋激烈的国际竞争和气候变化等全球性挑战,可促进经济长期平稳的快速发展。同时,随着高新技术和高新产业的迅猛发展,世界各国纷纷调整国家发展战略重点,将新兴产业类型视作引领未来经济社会发展的重要力量,通过政策大力扶持以达到抢占未来经济科技竞争绝对优势的目标。

2012 年 7 月 9 日,国务院以国发〔2012〕28 号印发《"十二五"国家战略性新兴产业发展规划》(以下简称《规划》)。该《规划》的核心指导原则是科学判断未来需求变化和技术发展趋势,大力促进我国战略性新兴产业的培育和发展,加快形成支撑经济社会可持续发展的产业结构,以战略性新兴产业为主导产业,促进产业结构的优化升级,提高我国经济增长的发展质量和效益。在《规划》中,确定了我国七大战略性新兴产业,即节能环保产业、新一代信息技术产业、生物产业、高端装备制造产业、新能源产业、新材料产业、新能源汽车产业,如图 6-5 所示。

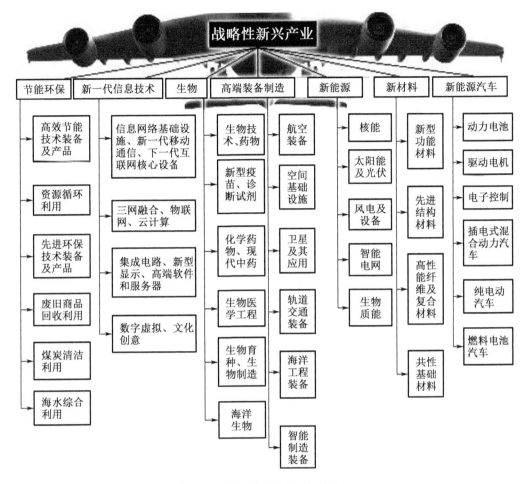

图6-5 我国七大战略性新兴产业

1. 节能环保产业

节能环保产业是提高能源利用效率和解决环境问题的重要产业类型,对促进资源节约型和环境友好型社会建设具有重要的推动作用。

节能环保产业主要包括:

(1)高效节能产业,如高效节能锅炉窑炉、电机及拖动设备、余热余压利用、高效储能、节能监测和能源计量等节能新技术和装备等产业;

(2)先进环保产业,如水污染防治、大气污染防治、土壤污染防治、重金属污染防治、有毒有害污染物防控、垃圾和危险废物处理处置、减震降噪设备、环境监测仪器设备等产业;

(3)资源循环利用产业,如大宗固体废物综合利用、汽车零部件及机电产品再制造、资源再生利用等产业。

2. 新一代信息技术产业

通过信息技术创新、新兴应用拓展和网络建设的互动结合,创建新兴产业组织模式,从而提高新型装备保障水平,培育新兴服务业态,大幅度增强国际竞争能力,促进我国信息产业实现由大到强的重大转变。

新一代信息技术产业主要包括：

(1)下一代信息网络产业,如新一代移动通信、下一代互联网、数字电视网络建设等产业;

(2)电子核心基础产业,如先进和特色芯片制造,先进封装、测试技术及关键设备、仪器、材料核心技术,新一代半导体材料和器件工艺技术研发等产业;

(3)高端软件和新兴信息服务产业,如以网络化操作系统、海量数据处理软件等为代表的基础软件、云计算软件、工业软件、智能终端软件、信息安全软件等产业。

3. 生物产业

通过生物资源利用、转基因、生物合成、抗体工程、生物反应器等共性关键技术和工艺装备的开发来实现生物产业的根本发展目标,即实现促进人民健康、促进新型农业发展、强化资源环境保护等重大需求。

生物产业主要包括：

(1)生物医药产业,如生物技术药物、疫苗和特异性诊断试剂等产业;

(2)生物医学工程产业,如研究开发预防、诊断、治疗、康复、卫生应急装备和新型生物医药材料的关键技术与核心部件等产业;

(3)生物农业产业,如加强生物育种技术研发和产业化,加快高产、优质、多抗、高效动植物新品种培育及应用等产业;

(4)生物制造产业,如酶工程、发酵工程技术和装备创新等产业。

4. 高端装备制造产业

高端装备制造产业对于促进产业转型升级和战略性新兴产业发展具有重要的作用,通过把高端装备制造业培育成为国民经济的支柱产业,能逐步实现制造业智能化、精密化、绿色化发展。其主要包括：

(1)航空装备产业;

(2)卫星及应用相关产业;

(3)轨道交通装备产业;

(4)海洋工程装备产业;

(5)智能制造装备产业等。

5. 新能源产业

为了实现将新能源占能源消费总量的比例提高到 4.5%,减少 CO_2 年排放量 4 亿吨以上的目标,必须实施多种新能源技术的集成利用。新能源产业主要包括：

(1)核电技术产业;

(2)风能产业;

(3)太阳能产业;

(4)生物质能产业等。

6. 新材料产业

培育较强自主创新能力和可持续发展能力的高性能、轻量化、绿色化的新材料产业。新材料产业主要包括：

(1)新型功能材料产业;

（2）先进结构材料产业；

（3）高性能复合材料产业等。

7.新能源汽车产业

新能源汽车是指除汽油、柴油发动机之外的其他能源汽车。新能源汽车产业的发展正是为了能够减少空气污染和缓解能源短缺问题，因此新能源汽车的发展将会改善交通运输的碳排放问题。在环境保护问题日趋国际化、严峻化的前提下，新能源汽车产业的发展必将成为未来汽车产业的主流方向与目标。新能源汽车主要包括燃料电池汽车、插电式混合动力汽车、混合动力汽车、纯电动汽车、增程式电动汽车等。

从我国以七大战略性新兴产业为主导产业的战略产业体系来看，低碳经济对产业体系主导产业的选择是存在重大影响的，低碳的发展要求体现在每一个产业类型之中。节能环保产业的发展目标是提高能源的利用效率和进行环境保护，对减少碳排放量起到了直接的关键作用；新一代信息技术产业本身就是"无碳"产业，其经济结构的增长必将降低碳排放强度；生物产业的发展能够从末端对资源环境进行保护，增强对 CO_2 的吸收消化能力，降低空气中 CO_2 浓度；高端装备制造产业力图实现装备制造业的绿色化发展，降低对环境的污染和破坏；新能源产业的发展是从改善能源结构的源头对低碳发展产生积极影响，低碳或者无碳能源消费比重的增加，必然会降低碳排放的水平；新材料产业通过生产绿色化可持续发展材料，从而降低生产过程和废弃旧设备对环境的影响；新能源汽车产业的发展则会降低交通运输行业的碳排放水平。

二、产业体系对低碳经济的影响

我国由于受到本身能源资源禀赋的约束，长期以来都是以化石能源为主，而且在化石能源中，更是以含碳量程度最高的煤炭为主。我国正处在工业化和城镇化的快速发展阶段，对能源的需求增长迅速。2007年，中国能源消费的增长占到全世界能源增长总额的52%，而中国煤炭消费量占全球煤炭消费总量的41.3%。中国煤炭在能源消费总量中的比重接近70%，比国际平均水平高41个百分点。根据《中国能源统计年鉴2012》显示，2011年底我国煤炭消费占能源消费总量的68.4%，石油消费占能源消费总量的18.6%，天然气消费占能源消费总量的5.0%，水、核、风电等清洁能源仅占到8.0%。新能源的发展面临着多方面的挑战，暂时还无法满足经济增长的需要，我国以煤炭为主的能源消费结构在短期内是根本无法改变的。

我国要实现经济的"低碳化"增长，必须借助于产业体系的调整与优化。现代产业体系的构建是我国实现低碳经济的根本手段。

（一）现代产业体系的低碳促进特征

党的十七大报告明确提出要基本形成节约能源资源和保护生态环境的产业结构、发展方式、消费模式的要求。这句话包含了调整产业结构、转变经济增长方式、实现又好又快发展的深刻内涵，这是党对发展道路的重新审视。

1.现代产业体系的出发点和落脚点是环境保护

长期以来，我国经济的快速增长是通过高投入、高消耗和高排放达成的，这种增长方式造成的后果就是资源消耗殆尽、生态环境污染严重；相应地，经济增长中出现的环境问题又会制约着经济的深化发展。气候变化也是环境问题的一种,由于温室效应所造成的自然灾害,对我国经济的发展有着破坏性的影响,也对人们的生活造成了巨大的生命和财产威胁。因此要实现经济增长的可持续性,必须从根本上解决这些环境问题,而这些环境问题的解决,则必须依靠产业结构的调整、经济增长方式的转型。因此构建现代产业体系的出发点就是要解决环境问题,保护环境。

现代产业体系的构建,能够增加环境友好型产业的结构比重,降低整个产业体系对环境的破坏能力,促进经济的良性循环发展,实现由粗放型的高污染恶性不可持续的发展方式转向环境友好的可持续的良性循环。由此可以看出现代产业体系的发展落脚点就是实现经济增长过程中的环境保护问题。

2. 现代产业体系就是低碳产业体系

所谓现代产业体系,就是能够通过有效条件来支撑和保障,研发、制造、经营比较普遍的优质或高附加值产品的产业体系。

从现代产业体系的概念中,可以看出如下几点。

(1)现代产业体系的现代,体现在它生产的产品是高、精、尖、优的,是与国际接轨的。当今世界的经济发展潮流就是低碳经济,因此现代产业体系必须发展符合低碳经济发展要求的产品。

(2)现代产业需要有效条件来支撑和保障,而这个条件就是各种环境资源,在各种资源的有效支撑和保障下,实现现代产业体系的可持续发展目标。

(3)现代产业体系是一个有机整体。在这个整体中,各个相互关联的产业形成了一条条产业链,产业链的交织造就了产业体系整体。

由此可知,构建现代产业体系的本质就是自发地进行低碳产业体系的构建。现代产业体系能够实现环境保护与经济增长二者的协调发展,现代产业体系也就是低碳产业体系。

3. 只有现代产业体系才能实现低碳经济

要做好新的发展要求形势下的经济工作,必须要加快实现三个转变:一是从重经济增长轻环境保护转变为保护环境与经济增长并重;二是从环境保护滞后于经济发展转变为环境保护和经济发展同步;三是从主要用行政办法保护环境转变为综合运用法律、经济、技术和必要的行政办法解决环境问题。

在低碳经济发展要求的形式下,必须加强经济结构调整和转变经济增长方式,构建现代产业体系;反过来,只有现代产业体系的构建,才能实现经济增长的低碳化。因此二者互为手段,只有构建现代产业体系,才能实现经济与环境的协调发展。

(二)现代产业体系的低碳发展方式

现代产业体系以高新技术为依托,在低碳经济发展过程中将发挥重要的作用。目前来看,针对我国产业结构中存在的产值结构与就业结构不合理,产业总体素质如信息化、知识化、网络化、智能化程度不高,高污染与高能耗及高排放严重等主要问题,现代产业体系的发展趋势正面向产业结构升级高端化、结构知识化、排放低碳化等方面。我国现代产业体系的发展方式体现出越来越多的低碳特征,产业结构升级呈现出低碳化发展趋势。

1. 增强第一产业的碳汇能力

碳汇能力指的是吸收空气中 CO_2 的能力。美国学者 Willey 等人通过研究发现最重要的碳汇产业是种植业与林业,其中种植业是具有季节性的碳汇产业,而林业是长期性的碳汇产业。我国是一个农业大国,在现代化种植业与林业方面经验丰富,而我国大部分耕地处于农作物适宜生长的地带,因此具备了良好的碳汇产业发展的环境资源。

从低碳角度说,碳汇产业的大力发展能够减少空气中的 CO_2 浓度,提高碳的转化率,因此发展种植业和林业对于缓解气候问题,恢复自然系统的多样性和生态系统的平衡性具有重要的作用。大力发展碳汇产业有利于我国贸易出口的发展,为碳排放权交易制度的实施营造极为宽松的生存环境。

2. 工业能源结构低碳化

能源结构包括生产结构和消费结构两类。我国能源生产结构存在着很多不合理的地方,生产技术较为落后,导致生产过程中的环境污染和高碳排放。当今能源生产产业的发展趋势正向着集约型的生产方式转型。在能源结构中,能源消费结构是我国面临的主要碳排放问题。在我国的能源消费结构中,煤炭作为 CO_2 排放的"领先者",一直占据着不可撼动的主导地位。因此,现代产业体系中的能源结构相关产业表现出如下趋势:更加注重天然气的勘探和开发,示范低碳发电站的支持力度不断加强;可再生清洁能源的开发和利用程度正逐步上升,在能源结构中的比重也在不断提高,其中风能和太阳能的产业化的可能性最高,作为"无碳"能源,这两种能源是最为洁净而无危险的,相关技术的发展对我国能源结构的演化具有非常重要的作用;核能在我国能源结构中的比例不低,但是其具有一定的危险性;生物质能的发展也要考虑粮食安全问题,在保证粮食安全的情况下才能发展生物质能。为了促进我国工业能源结构的低碳化演化,相关的能源生产和能源消费制度措施也在不断地完善之中,这样就可以形成有利于低碳能源生产和高效利用能源的激励机制和惩罚机制。

3. 低碳技术和低碳工艺不断融合

在现代产业体系中,传统工业的技术锁定正在被低碳技术所突破,其中低碳技术包括清洁煤技术、可再生能源技术、碳捕捉和封存技术、智能电网技术、节能技术、环保技术、建筑新材料技术、新能源汽车技术、新能源飞机技术等正在将高污染、高能耗、高排放的高碳产业改造成低污染(或无污染)、低能耗、低排放(或零排放)的低碳工业。政府对于低碳技术自主创新的激励和支持,能够促进现代产业体系对低碳技术和低碳工艺的吸收程度。需要注意的是,高端服务业领域低碳技术研发过程中的升级和受气候影响最大的农业生产技术的低碳化升级要协同进行,这才能使三次产业结构协调发展。

4. 低碳管制思想深化

现代产业体系的管理制度也在发生着变化,产品能耗效率标准与耗油标准正在变得严格,正在与发达国家接轨;限额排放的排污权交易制度也正在兴起,由分配许可量的做法,转为实现排污量的拍卖机制;低碳国际合作范围不断扩大,低碳管制的思想正在不断地深化。

现代产业体系的本身就体现了低碳经济的发展特征,满足低碳经济的发展要求,而且正从多个产业层面向着低碳和无碳发展,对我国低碳经济的实现具有重要的促进作用,也只有通过构建现代化产业体系,才能实现经济增长与环境保护的协调发展,实现低碳经济的发展。

三、低碳经济与现代产业体系构建的互动机制

现代产业体系的构建是实现低碳经济发展方式的根本手段,二者之间存在着重要的互

动关系,形成了影响深刻的互动机制。这些互动机制可以分成创新互动机制和市场互动机制两个方面,如图6-6所示。

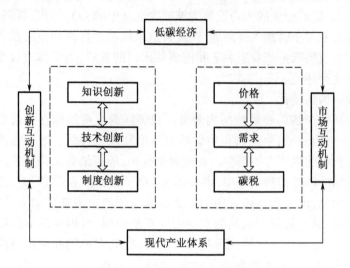

图6-6 低碳经济与现代产业体系构建的互动机制

(一)创新互动机制

创新机制指的是不断追求创新的内在机能和运转方式,只有通过不断创新,低碳经济和现代产业体系才能不断相互促进。这种互动机制体现在知识创新、技术创新和制度创新三个方面。

1. 知识创新

知识创新是指通过科学研究获得新的自然科学和技术科学知识的过程。通过低碳经济知识创新活动,低碳经济的发展内涵及低碳经济的发展方式等问题将会更加清晰,对现代产业体系的构建指导方向更加明确;现代产业体系知识的创新,将会更加深入地揭示其对低碳经济的促进作用。知识创新是二者最基础的互动关系。

2. 技术创新

技术创新就是技术成为商品并在市场上销售得以实现其价值,从而获得经济效益的过程和行为。低碳技术的提高将会大幅度减少能源的消耗和温室气体的排放,实现高碳产业低碳化的转型。低碳技术包括清洁煤技术、低碳项目开发、可再生能源及新能源等。从世界角度看,能够掌握先进低碳技术、研发能力强的国家才能掌控低碳经济的制高点,因此,提高我国的低碳技术刻不容缓。低碳技术的创新将会改善现代产业体系的产业结构,促进现代产业体系产业结构的低碳化发展。现代产业体系的技术创新,将会更大程度地增强环境保护能力,对产业体系中的碳排放问题具有更加强大的控制能力,从而降低产业体系的碳排放强度。

3. 制度创新

制度创新是为了提高经济活动的激励水平及降低交易成本而进行的规则体系的调整与变迁。低碳经济是一种较强依赖政策的经济增长模式,因此在低碳经济思想的深化过程中,需要不断进行低碳制度的创新活动。我国对低碳技术和低碳产业的支持政策体现了低碳经济的制度创新思路。党中央提出大力发展节能环保、新一代信息技术、生物、高端装备制造、新能源、新材料、新能源汽车等七大战略性新兴产业,反映了国家对加快产业结构转型的重视。我国金融机构加大对低碳经济及低碳行业的研究,逐渐完善了绿色信贷机制,制定了关于低碳产业发展的信贷政策,对前景良好的低碳企业和项目予以大力支持,从而引导更多的企业进入低碳领域,转变长期存在的不良发展模式,促进产业结构升级。

(二)市场互动机制

低碳经济与现代产业体系构建的市场互动机制主要体现在价格、需求和碳税等方面。

1.通过价格引导消费需求

我国对于新兴的低碳产业进行了很大力度的政策支持和税费优惠,并通过价格补贴等政策来引导低碳产品的消费,从而为现代产业体系的构建提供支持。其中体现最为明显的是新能源产业和新能源汽车产业。

太阳能是未来可利用规模最大、最清洁、安全和可持续的能源,在全球气候变暖、生态承载环境恶化、常规能源短缺并造成环境严重污染的形势下,很多发达国家已把太阳能的开发作为能源革命的主要内容加以长期规划。我国风能资源列世界第三,排在俄罗斯和美国之后,根据对风机新增装机的预测,我国风电机组整机到2020年可以达到1 800亿元的市场规模,在较大程度上可替代煤电,满足我国新增电力的需求。但是太阳能和风能设备的高新技术特征,使得上网电价较高。为了促进新能源产业的大力发展,改善能源结构,我国对新能源上网电价实行较高的价格优惠政策,如电价自光伏电站投入商业运营之日起,高出当地脱硫燃煤机组标杆上网电价的部分纳入全国分摊,若项目运行成本高于核定的上网电价水平,当地政府可采取适当方式给予补贴,或纳入当地电网销售电价统筹。

新能源汽车的核心技术是电池和控制系统,由于技术的高成本,造成新能源汽车的成本价格远远高于普通汽车。因此财政部、科技部、工业和信息化部、国家发展改革委联合出台了《关于开展私人购买新能源汽车补贴试点的通知》,对于插电式混合动力乘用车每辆最高补贴5万元,纯电动乘用车每辆最高补贴6万元等。

2.碳税政策要求进一步深化节能技术进步

碳税通过对燃煤和石油下游的汽油、航空燃油、天然气等化石燃料产品,按其碳含量的比例征税来实现减少化石燃料消耗和CO_2排放。碳税政策的实施将会倒逼产业向绿色化发展转型。

中国科学院《2006年中国可持续发展战略报告》选取一次能源、淡水、水泥、钢材和常用有色金属的消耗量计算节约系数,对世界59个主要国家的资源绩效水平进行了排序,结果表明中国排在第54位,属于绩效最差的国家。在全世界对低碳发展越来越重视的形势下,一旦碳关税开始实行,对我国的外贸出口影响很大,我国外贸的价格优势将会减弱。

3.碳排放交易权制度

发达国家不但在建立国内碳排放交易制度、引入碳定价机制等方面走在前面,而且为了占有更大的碳交易国际市场份额,在未来再次主导全球低碳经济发展制高点,还试图引导贸易规则演化。对我国低碳新兴产业来说,如果企业对市场中的这些变化尚未做好充分准备,可能遭遇由此带来的困难和被动局面。

欧盟早在2005年便开始实行碳排放权交易体系,见表6-7。这个体系已经涵盖了欧洲30多个国家,且这种影响力正在逐渐扩大到更大的范围。为了增强我国在国际经济中的话语权,终究也要扛起"负责任大国"的任务,也要接受实施碳减排的国际规则,会对我国现代产业体系的构建产生深远的影响。我国现代产业体系必须要适应碳排放交易权体系,构建碳金融产业,才能应对国际碳减排规则的挑战。

表6-7　欧盟碳排放权交易体系发展阶段

	第一阶段(2005—2007年)	第二阶段(2008—2012年)	第三阶段(2013—2020年)
目标	实验阶段,检验EUETS的制度设计,建立基础设施和碳市场交易平台	履行《京都议定书》8%的减排目标	2020年欧盟碳排放量比2005年降低21%
排放许可上限	22.9亿t/a,由各成员国提交国家分配方案(NAP),经欧盟委员会批准后确定配额总量	20.8亿t/a,由各成员国提交国家分配方案(NAP),经欧盟委员会批准后确定配额总量	2013年为19.74亿t/a,以后每年下降1.74%,到2020年降至17.2 t/a。取消NAP,由欧盟确定总量
覆盖范围	CO_2气体,20 MW以上燃烧装置,约有11 000多个工业设施,包括发电厂、炼油厂、焦炉、钢铁厂、水泥厂、玻璃厂等	CO_2气体,除第一阶段的行业外,2012年起将航空部门纳入交易体系	NO_2等温室气体被纳入;行业范围继续扩大到化工、合成氨和炼铝等部门
交易机制	碳交易、清洁能源发展机制	碳交易、清洁能源发展机制和联合履约机制	碳交易、清洁能源发展机制和联合履约机制
超标处罚	超额排放部分每标准吨CO_2将被处以40欧元罚款	超额排放部分每标准吨CO_2将被处以100欧元罚款	

第四节　低碳背景下河北省主导产业的选择研究

发展低碳经济已成为各地区产业发展的普遍共识,区域主导产业的培育和选择需要在低碳经济的环境下进行。本节阐述了区域主导产业选择的原则,构建了区域主导产业选择的评价指标体系,采用层次分析法和德尔菲方法进行综合评价,对河北省区域主导产业进行了实证研究,为区域主导产业的选择提供了解决方案。

低碳经济是以低能耗、低污染、低排放为基础的经济模式,是人类社会在农业文明、工业文明之后的又一次重大进步。低碳经济的发展是当前世界各国应对全球能源危机和气候危机的必然选择,而且低碳竞争也将是区域竞争的核心内容。区域内的主导产业是指具有一定规模,能够发挥经济技术优势,代表整个地区产业结构的发展方向,而且能够依靠科技进步或创新带动其他产业的发展,进而促进整个区域经济的发展。如何在低碳经济发展的目标下,把有限的资源引导和配置到更符合需求的主导产业上,选择和培育区域主导产业已经成为区域经济发展所面临的主要问题,这也是制定区域产业战略政策,实现资源有效配置,促进经济、社会、生态环境协调发展的关键环节。主导产业的选择不仅要考虑区域经济的发展,还要顾及现有生态环境的承载能力,要考虑低碳经济的原则,在实现低碳经济的目标下发展主导产业。本节运用定性和定量相结合的层次分析法和德尔菲方法对区域主导产业的选择进行了研究,提出了符合低碳目标的区域主导产业,并以河北省为例进行了实证研究。

一、区域主导产业选择的评价指标体系构建

(一)评价指标的建立原则

区域主导产业随地区不同而不同,且随着时间变化而变化。因此,区域主导产业在进行选择时要根据区域主导产业应具备的条件及其特征进行选择。区域主导产业选择的一般原则见表6-8。

表6-8 区域主导产业选择的一般原则

基本原则	含 义
规模原则	选择的主导产业必须具有一定的经济规模、雄厚的经济实力和先进的技术装备,才能够充分发挥带头和促进作用
需求原则	一个产业能否成为主导产业,取决于其是否符合市场需求发展变化趋势,产业的需求弹性越高,其产品市场空间越大,越有可能作为主导产业
技术进步原则	技术进步是经济增长的关键因素,是推动社会生产效率提高和产业结构向高层次发展的关键。因此,应该选择那些拥有较高技术水平,技术进步速度较快,且技术进步对产业增长贡献份额大的产业作为主导产业
竞争能力原则	主导产业本身必须具有相对于其他产业更强的获取稀缺资源的能力,即具备产业间的竞争优势。同时某一区域的主导产业应具有相对于其他区域在同一产业领域更具优势的发展条件和更强的市场开拓能力。因此,能够选择作为区域主导产业的产业,在市场上应具较强的竞争力,其规模应在国内有一定的地位
经济效益原则	良好的经济效益是产业持续发展的先决条件,经济效益是衡量产业对资源合理使用的程度。作为区域选择的主导产业应有利于提高工业经济效益,只有那些投入少、产出高的产业才能作为主导产业
产业关联原则	主导产业之所以能够起主导作用,关键是需求。当某一部门对它的需求比它对各个部门的需求都高时,优先发展这一产业便可以带动相关产业的发展,受到影响的产业又进而影响到与其有关的更多产业的发展,产生连锁反应,从而推动和促进区域经济的全面发展
社会进步原则	发展经济的目的是促进人们生活水平提高和社会进步。区域主导产业的选择还要考虑国家宏观政策及社会软环境的因素,以及对社会进步的贡献力,比如带动就业等

（二）指标体系构建

根据上述评价原则，应从经济规模、市场增长潜力、产业增长潜力、产业竞争/比较优势、经济效益、产业关联效应、社会进步建立区域主导产业选择体系。具体的评价指标及其含义见表6-9。

表6-9　区域主导产业选择指标体系及含义

总目标	一级指标	二级指标
区域主导产业选择指标体系（A）	经济规模（B_1）	产业规模（C_{11}）
		销售规模（C_{12}）
	市场增长潜力（B_2）	需求收入弹性指数（C_{21}）
		市场占有率（C_{22}）
	产业增长潜力（B_3）	产品创新与工艺创新的比率（C_{31}）
		产业增长率（C_{32}）
	产业竞争/比较优势（B_4）	人力资源优势（C_{41}）
		自然资源优势（C_{42}）
		科技资源优势（C_{43}）
	经济效益（B_5）	销售利税率（C_{51}）
		销售利润率（C_{52}）
	产业关联效应（B_6）	影响力系数（C_{61}）
		感应度系数（C_{62}）
		相关产业支撑（C_{63}）
	社会进步（B_7）	就业增长率（C_{71}）
		社会贡献率（C_{72}）

二、区域主导产业选择的方法

当前对区域主导产业选择方法的研究有多种，国内一些学者采用 Weaver - Thomas 模型对区域主导产业选择进行了分析，还有部分学者采用因素分析法、层次分析法、因子分析法、主成分分析法、模糊综合评价法等多种方法进行区域主导产业的选择。笔者根据收集到的相关数据资料，采用定性和定量相结合的层次分析法和德尔菲方法相结合的研究方法，建立区域主导产业选择模型。

首先，根据设计的指标体系设计德尔菲调查表，对区域内需要评价的所有产业的每一个对应二级指标设置由高到低 A、B、C、D、E 五个档次，分别对应定性分析的数值为好、较好、中等、较差、差，然后请企业、高校、研究机构和政府的专家进行德尔菲调查。如果对区域内的某产业的 j 指标选择 A、B、C、D、E 的专家人数分别为 M_1、M_2、M_3、M_4、M_5，则该区域内某产业的 j 指标的得分为

$$F_j = (95 \times M_1 + 85 \times M_2 + 75 \times M_3 + 65 \times M_4 + 30 \times M_5)/(M_1 + M_2 + M_3 + M_4 + M_5)$$

运用综合加权法对区域主导产业进行综合评价选择,某区域内的第 i 个产业的综合评价的数学模型为 $Y_i = \sum_{j=1}^{12} W_j \times F_j$,$W_j$ 是每个二级指标的权重值。计算出该区域内所有产业的综合评价的分值,并根据这些分值的大小进行选择。

三、河北省主导产业的选择

本部分以河北省为例,采用层次分析法和德尔菲方法选择河北省的主导产业。

(一)权重的确定

通过组织河北省区域经济研究方面的专家,对河北省区域主导产业选择评价指标因素所占的比重进行打分,经过多轮评价,构造出如下两两比较的判断矩阵。记 A—B 表示目标层对于准则层的判断矩阵(如表 6 – 10 所示),B_i—C 表示准则层的指标 B_i 对于方案层的判断矩阵,$i = 1,2,3,\cdots,7$(如表 6 – 11 ~ 表 6 – 18 所示)。下面给出各判断矩阵,并求出对应的权重值。

表 6 – 10　A—B 层判断矩阵

区域主导产业选择	经济规模	市场增长潜力	产业增长潜力	产业竞争/比较优势	经济效益	产业关联效应	社会进步	权重值
经济规模	1	1/2	1/3	1/2	1	1/2	2	0.090 9
市场增长潜力	2	1	1/2	1/2	2	1/3	2	0.122 4
产业增长潜力	3	2	1	1/2	3	1/3	2	0.167 5
产业竞争/比较优势	2	2	2	1	2	1/2	2	0.192 7
经济效益	1	1/2	1/3	1/2	1	1/2	2	0.090 9
产业关联效应	2	3	3	2	2	1	2	0.263 8
社会进步	1/2	1/2	1/2	1/2	1/2	1/2	1	0.071 6

表 6 – 11　B_1—C 层判断矩阵

经济规模	产业规模	销售规模	权重值
产业规模	1	2	0.666 7
销售规模	1/2	1	0.333 3

表 6 – 12　B_2—C 层判断矩阵

市场增长潜力	需求收入弹性指数	市场占有率	权重值
需求收入弹性指数	1	2	0.666 7
市场占有率	1/2	1	0.333 3

表6-13　B₃—C层判断矩阵

产业增长潜力	产品创新与工艺创新的比率	产业增长率	权重值
产品创新与工艺创新的比率	1	1/3	0.25
产业增长率	3	1	0.75

表6-14　B₄—C层判断矩阵

产业竞争/比较优势	人力资源优势	自然资源优势	科技资源优势	权重值
人力资源优势	1	2	1/2	0.310 8
自然资源优势	1/2	1	1/2	0.195 8
科技资源优势	2	2	1	0.493 4

表6-15　B₅—C层判断矩阵

经济效益	资产利税率	销售利润率	权重值
资产利税率	1	2	0.666 7
销售利润率	1/2	1	0.333 3

表6-16　B₆—C层判断矩阵

产业关联效应	影响力系数	感应度系数	相关产业支撑	权重值
影响力系数	1/2	1	1/3	0.163 4
感应度系数	1	2	1/2	0.297 0
相关产业支撑	2	3	1	0.539 6

表6-17　B₇—C层判断矩阵

社会进步	就业增长率	社会贡献率	权重值
就业增长率	1	1/2	0.333 3
社会贡献率	2	1	0.666 7

最终的各指标的权重值如表6-18所示。

表6-18　最终各指标权重值

最终各指标	权重值
产业规模	0.060 6
销售规模	0.030 3
需求收入弹性系数	0.081 6
市场占有率	0.040 8
产品创新与工艺创新的比率	0.041 9

表 6－18 （续）

最终各指标	权重值
产业增长率	0.125 7
人力资源优势	0.059 9
自然资源优势	0.037 7
科技资源优势	0.095 1
资产利税率	0.060 6
销售利润率	0.030 3
影响力系数	0.043 1
感应度系数	0.078 3
相关产业支撑	0.142 4
就业增长率	0.023 9
社会贡献率	0.047 7

（二）数据收集

根据对河北省各产业的详细调查，目前河北省的产业主要有农业、钢铁冶金业、装备制造业、生物医药、石油化工、电子信息、新材料、新能源、金融保险、建筑建材、食品、纺织、交通运输、环保产业、现代物流业、旅游业 16 个产业。根据区域主导产业的选择指标体系及各产业的特点，设计德尔菲调查表。根据研究的目标和要求，德尔菲方法调查的专家主要有企业专家、高校专家、政府专家和研究机构专家，通过电子咨询函件的形式采集专家的判断意见。

（三）数据处理

调查表收回后，首先按照专家对该产业的熟悉程度进行归类，在每一类中按产业对指标数据进行汇总，得到各末级指标的最终实际数据。在德尔菲调查表中，各个指标变量具有相同的量纲和量级，可以进行加减运算。如果专家对 i 产业的 j 指标选择"①""②""③""④""⑤"的人数分别为 M_1、M_2、M_3、M_4、M_5，故 i 产业的 j 指标的评价值 F_{ij} 用数学公式表示为

$$F_{ij} = (95 \times M_1 + 85 \times M_2 + 75 \times M_3 + 65 \times M_4 + 30 \times M_5)/(M_1 + M_2 + M_3 + M_4 + M_5)$$

然后采用线性加权求和法计算综合评价得分，其模型为

$$Y_i = \sum_{j=1}^{14} W_j \times F_j (j = 1, 2, \cdots, n)$$

式中，n 为二级指标的个数；W_j 为各指标的权重值；Y_i 是第 i 个产业综合评价得分值，$0 < Y_i < 100$。

（四）选择结果

根据上述的计算过程，河北省主导产业的选择结果见表 6－19 所示。

表 6 - 19　河北省主导产业选择情况

序号	名　称	分　值	序号	名　称	分　值
1	农业	65	9	金融保险	70.5
2	钢铁冶金业	91	10	建筑建材	78
3	装备制造业	83	11	食品	81.5
4	生物医药	82	12	纺织	78.5
5	石油化工	82	13	交通运输	63
6	电子信息	78	14	环保产业	75.5
7	新材料	70.5	15	现代物流	81
8	新能源	71.5	16	旅游业	80.5

根据计算的结果,按照分值由大到小的排序,河北省主导产业主要是钢铁冶金业、装备制造业、生物制药、石油化工业、食品、现代物流、旅游业、纺织、建筑建材及电子信息等十大主导产业。这一结果和河北省重点培育的十大主导产业的选择相一致。

区域主导产业是区域经济发展的主力军,如何在低碳经济背景下选择区域主导产业是本书研究的重点。本书从经济规模基准、市场需求基准、技术进步基准、产业竞争优势基准、经济效益基准、产业关联度基准、社会进步基准等方面建立区域主导产业选择体系,并采用层次分析法和德尔菲方法进行了区域主导产业的选择,并以河北省为例,从河北省现有的产业中选择了其主导产业为钢铁冶金业、装备制造业、生物制药、石油化工业、食品、现代物流业、旅游业、纺织、建筑建材及电子信息业等十大产业。

第五节　基于低碳视角的河北省战略性新兴产业发展对策

随着全球气候变暖、能源危机和环境恶化等问题的不断出现,人们越来越意识到低碳经济发展的重要性。党的十七大报告明确提出要提高生态文明水平,十八大报告又提出"绿色发展、循环发展、低碳发展"的理念,发展低碳经济,节约能源资源,成为我国经济未来发展的主流方向。战略性新兴产业对于地区产业结构调整、优化升级和转变经济增长方式有重要作用。因此,把有限的资源引导和配置到更符合需求的战略性新兴产业上,加快推进战略性新兴产业的发展已经成为结构调整、推进低碳经济发展的必由之路。2010 年国家有关部委确定了节能环保、生物产业、高端装备制造、新能源、新材料、新能源汽车和新兴信息产业七大产业作为抢占经济科技制高点、确定了国家未来发展走向的战略任务,予以更大的投入和政策支持。河北省作为高碳大省,发展战略性新兴产业对于河北省深化调整产业结构、转变经济增长方式、发展低碳经济、实现经济的可持续发展具有更加重要的意义。

一、战略性新兴产业的内涵

低碳经济是以低污染、低能耗、低排放为基础的经济发展模式,是能源消费方式、经济发展方式和人类生活方式的一次全新变革。同时低碳经济是一个相对的概念,是高碳能源消耗的增长速度与经济发展速度相比较而言的。低碳经济可以分为相对低碳化经济和绝对低碳化经济。相对低碳化经济是在经济发展过程中,高碳能源的增长速度低于经济增长的速度;绝对低碳经济是指高碳能源消耗的增长速度为零或负值。现在低碳经济已经成为各国转变经济发展方式、实现可持续发展的一种共识。国内学者认为战略性新兴产业是战略性产业和新兴产业的结合体,它既能代表科技创新的重要方向,又可以代表产业未来发展的重要方向。笔者认为战略性新兴产业是指以重大前沿科技突破为基础,对经济社会发展起引领带动作用,产业发展能够代表未来科技的发展方向,能充分体现知识经济、循环经济和低碳经济的发展潮流的产业。当前,在低碳经济发展模式下,各国着力发展的战略性新兴产业包括新能源、新材料、信息网络、新医药、生物育种、节能环保、电动汽车和海洋开发等新型产业领域。

二、河北省战略性新兴产业发展的现状

我国在"十一五"期间,确立了建设资源节约型和环境友好型的"两型"社会发展战略和单位国民生产总值耗能降低 20% 的目标,我国的战略性新兴产业进入了一个快速发展的时期。在这样的背景下,河北省的战略性新兴产业的发展也进入了突飞猛进的阶段。

(一)战略性新兴产业发展优势

1. 战略性新兴产业具备了加快发展的基础

河北省公布的《河北省国民经济和社会发展第十二个五年规划纲要》提出要积极培育壮大战略性新兴产业,促进信息化与工业化深度融合。河北省经过多年的努力,在战略性新兴产业的某些领域已经具备了加快发展的基础条件。河北省在新能源产业领域形成了完整的光伏产业和风力发电产业,以及保定、廊坊、张家口、邢台为主的产业集聚区和基地,具备了一定的竞争优势。在电子信息产业方面,河北省拥有中电科 54 所、13 所、45 所及华美光电等企业,具有比较完整的从研发生产到系统集成和信息服务的卫星导航产业链。在新材料方面,河北省已经在硅材料、钒钛材料、碳纤维、高速钢、液晶材料等若干领域取得重大突破,某些材料生产技术已达到国际先进水平。河北省软件与信息服务业 2013 年实现主营业务收入 200 亿元;卫星导航形成销售收入百亿元的产业集群;视听、计算机等整机产品2013 年实现主营业务收入 100 亿元。在医药方面,河北省正在加快医药产业创新步伐,推进中药现代化,依托石药工业园、华药工业园、神威现代中药产业园 3 大园区,扶持发展生物产业,培育未来竞争优势。

2. 技术创新已经发展成为拉动河北省经济增长的重要引擎

保定天威集团目前已经自主研发成功多项变压器制造设计技术;作为全球最大的单晶硅生产企业的邢台晶龙集团,位于中国太阳能光伏企业榜首;唐山唐车公司自主创新研制出的国产新一代高速动车组,不仅具有完全自主知识产权,而且还是世界上商业运营速度最快、科技含量最高、系统匹配最优的高速动车组。这些企业的自主创新将有利于培育河北省的自主创新能力,推动行业技术进步,对相关的战略性新兴产业的发展也将提供强有力的支撑。战略性新兴产业属于技术密集、知识密集、人才密集的高科技产业,培育和发展战略性新兴产业,有助于提升产品附加值,促进低碳经济发展,提高经济增长质量。

3.战略性新兴产业的发展呈上升趋势

从河北省工业增加值所占比重排名来看,先进制造业实现增加值320.87亿元,占27.6%;生物医药实现增加值155.58亿元,占13.4%;新材料领域实现增加值139.14亿元,占12%;新能源领域实现增加值109.86亿元,占9.5%;电子信息领域实现增加值88.91亿元,占7.6%;航空航天领域实现增加值3.28亿元,占0.28%。增长最快的为电子信息产业、新能源和先进制造产业,其中,电子信息领域同比增长54.1%,增速高于全省平均水平25.2%;新能源产业同比增长47.8%,高于全省平均水平18.9%;先进制造业同比增长32.7%,高于全省平均水平3.8%。虽然目前河北省新兴产业占国内生产总值的比重仅在3%左右,规模在500亿元左右,但是河北省战略性新兴产业发展方向和势头呈现上升趋势,尤其在新能源、新材料、电子信息、生物医药等产业具备加快发展战略性新兴产业的条件。

(二)河北省战略性新兴产业发展存在的问题

虽然河北省战略性新兴产业发展取得了很大成就,但是与发达省份相比还相对落后,在体制、资金、人才、技术等各方面都面临很多问题。

1.体制机制存在约束

河北省的体制机制和新兴产业在发展过程中不匹配,地区、部门和行业之间互不相通的情况还普遍存在,这在一定程度上制约了新兴产业的形成及推广应用新的技术。

2.资源、能源和环境问题。

河北省重化工业经济特质明显,对资源、能源依赖程度比较高。经过多年的快速发展,河北省人口、资源、环境承载力已达极限,传统的拼资源、拼成本的发展模式已经没有任何优势。资源与环境问题已经成为河北省必须面对和解决的问题。

3.缺乏创新型人才

在战略性新兴产业发展的过程中,河北省还存在许多缺陷,缺乏创新型人才是其最致命的弱点。由于河北省紧邻北京和天津,高科技人才流向北京和天津,致使河北省科技资源严重短缺,特别是高层次领军人才及"科学家办企业"创新平台的缺失,使河北省整个产业发展面临技术人才缺乏的"瓶颈"。

4.资金问题

河北省政府对科技投入的资金不足,而且各个管理部门之间比较分散,政府支持的重点项目不突出。2011年河北省R&D经费支出187.0亿元,占河北省国民生产总值的0.77%,仅占全国R&D经费支出总额的2%,与国内经济发达地区相比存在较大差距,仅为北京R&D经费支出总额的20%,上海R&D支出额的33%,浙江R&D支出额的19.5%,江苏R&D支出额的17.4%,辽宁R&D支出额的56%。

5.战略新兴产业的技术创新不足

河北省战略新兴产业的技术还未成熟,技术路线呈现多样化,主流的技术路线和产品的形成还需要经过市场的长期筛选,要求企业有比较高的研究能力和投入能力。许多企业的核心竞争力缺乏,高技术产业的聚集度不够,各个产业集群内的企业之间合作不足,除极少数大型企业的某一些成果处于国内外领先水平外,绝大多数高技术企业普遍规模偏小,研发投入严重不足,缺乏核心技术和自主创新能力。

三、河北省战略性新兴产业发展的对策

（一）加大资源节约和节能减排力度，着力打造"低碳新兴产业链"

积极制定以节约资源、优化经济社会发展的新兴产业发展战略，充分重视资源生产率作为促进产业结构调整和污染排放降低的重要手段，积极引进和开发具有绿色竞争力的战略性新兴产业，促进产品生态化发展。

（二）根据河北省的实际科学制定发展规划

要根据河北省的产业基础、河北省产业发展的比较优势及在未来的发展前景，紧紧围绕着新能源、新材料、科技信息、生物医药等战略性新兴产业，提出产业发展的总体思路，科学制定战略性新兴产业的发展规划，加强政策支持，积极抢占新一轮产业竞争的制高点；要积极统一协调各个相关部门，共同制定产业的配套政策和扶持力度，全盘考虑和布局，齐抓共管；针对各个新兴产业制定其发展规划，明确各新兴产业的发展定位，积极优化各产业布局，同时要加强指导规划的力度，每年度制订该产业的工作计划和详细的工作方案，按照市场的运行机制引导各企业进行差异化发展，不断促进其产业链的延伸和完善。

（三）战略性新兴产业要与传统产业结合发展

战略性新兴产业是在传统产业的基础上进行发展，同时传统产业还是新兴产业关联和带动的对象，一些传统产业通过高科技的改造，会转化为新兴产业，例如新型的显示器、新能源汽车、新材料等新兴产业就是在对传统产业基础进行技术改造而成的。将发展新兴产业和改造提升传统产业进行结合，会对河北省战略性新兴产业的发展有重要意义。

（四）强化创新人才支撑

适应战略性新兴产业发展需要，在充分调动和激发河北省内高科技实用技术人才的能动性和创新活力的基础上，鼓励采取团队引进、核心人才带动引进、项目开发引进等多种方式，面向全世界引进急需的高层次人才、高技能人才、紧缺型人才；推进实施"巨人计划"，以优势企业为主体，以政府支持为引导，培养和引进一批创新创业领军人才，推进京津冀区域在人才政策互惠、资证互认、信息互通及人才的无障碍流动等方面的紧密合作；加快高等教育结构的调整和优化，积极发展与战略性新兴产业发展相适应的学科专业，推进战略性新兴产业的企业与职业教育的深度结合，加强专业技术和技能人才的培养；积极推进"项目、人才、基地"三位一体的人才培养和引进模式，依托重大科研项目和创新基地建设，吸引、留住领军人才和创新团队在河北省创业；健全人才公共服务体系，为各类人才或用人单位提供人事档案管理、人事代理、社会保障代办、人才培训、人才招聘引进等全方位服务。

（五）以金融创新推动新兴产业的发展

促进新兴产业资本与金融资本的联动发展，实现新兴产业资本和战略投资、风险投资、信托投资等对接；扩大人民币国际贸易结算试点，增强企业国际市场的开拓能力、开展国际交易的能力；建立新型投资促进体系，支持外资以多种形式参与河北省战略性新兴产业的发展，积极探索国际项目融资、无形资产融资等方式和国际金融组织的融资渠道。

（六）构建战略性新兴产业的科技创新机制

加快实施"官、产、学、研、用"紧密结合的产业技术创新战略联盟,吸引更多跨国公司的研发中心和国家级技术平台项目落户河北省,形成多主体、多层次、开放互动、协调发展的自主创新体系;完善技术创新平台建设,加强技术研发、科技资源信息共享、科技企业孵化、技术交易和科技融资五大平台建设,强化技术创新载体和服务功能建设。

第六节　低碳背景下推进河北省现代产业体系建设的实施机制

在上文对河北省产业体系现状、作用机理及河北省产业体系发展模式与路径等情况进行客观系统分析的基础上,从"政策引导与调控机制、新兴产业培育发展机制、产业淘汰与转型升级机制、产学研合作创新机制、产业发展协调机制和产业发展保障机制"等六个方面提出低碳背景下河北省产业体系建设的实施机制。

一、政策引导与调控机制

在低碳约束下进行河北省产业体系建设,需要相关政府部门、企业和科研院所等研发机构的多方配合。河北省内一些高耗能、高污染产业所带来的负外部性问题仅仅依靠市场的作用来约束调节其效果是非常有限的。市场竞争环境中企业往往在利益的驱动下而做出短视的决策,因此政府必须在低碳产业体系建设中发挥科学导向作用,建立政策引导与调控体系。

政府应着重在制度和政策层面推动产业升级和产业结构调整,以合理的制度和政策体系来引导产业的可持续发展。

（一）产业培育发展目标

政策目标机制就是首先为现代产业体系的构建制定接替产业发展规划和总体目标。一般情况下,资源密集型地区如果在资源开始出现衰退期之际仍未形成有竞争力的接替产业,则该地区将很难发展,甚至出现矿竭城衰的后果。在这种背景下,地区产业多元化涉及两个问题,即接替支柱产业的选择和接替支柱产业龙头企业的培育。

1. 增强研发能力,培育核心竞争力

根据河北省产业具有资源密集型的特点,河北省现代产业体系建设推动机制要在发展规划的指导下加大对高技术附加值的环境友好型接替产业的扶持力度,改善接替产业发展环境,培育具有河北省产业特色的产业集群,建立产业技术交流共享的信息平台,并通过与科研院所的合作,增强研发能力,培育其核心竞争力。

2. 加强财税政策支持

充分利用《中华人民共和国企业所得税法》中的相关各项优惠政策,为企业减轻税收负担,同时设立河北省战略性新兴产业发展专项资金,对战略性新兴产业项目给予补贴;支持战略性新兴产业企业申报国家重大专项,争取国债资金和中央预算内补助资金,并给予地方配套;对列入国家重点鼓励发展产业目录范围内的战略性新兴产业,保障其充分享受到国家税收优惠政策。

3.完善金融服务体系

鼓励和引导金融机构加大对战略性新兴产业自主创新、技术改造和成套设备进出口的信贷支持,加大对新材料、生物医药等重点领域和重点项目的信贷支持;优先支持战略性新兴产业企业在境内外上市及再融资,通过发行企业债券、公司债券、短期融资券、中期票据等拓展直接融资渠道;组织开展多层次、多形式的银政、银企对接,满足骨干企业融资需求;鼓励金融机构开展服务创新和产品开发试点,鼓励设立专项担保基金、产业投资基金,培育和支持成长型新兴产业企业发展壮大。

(二)产业转型升级目标

1.传统产业低碳化、高级化发展

资源密集型地区建立现代产业体系,首先是矿业的高级化和绿色化。矿业高级化是指加强矿产品深加工,提高矿产品附加值,提升在全球价值链中的位置。矿业绿色化是指矿产资源开采及加工过程中,运用绿色技术及加强绿色管理,提高资源的综合利用,减少"三废"排放,降低对生态环境的破坏。矿业的高级化和绿色化是一个互动过程,资源密集型地区必须通过对传统矿业的绿色改造,来实现产业附加值的提高和环境破坏度的下降,最终形成矿业的高级化和绿色化。

2.搭建科技创新平台

根据战略性新兴产业发展的科技需求,以产业和具体企业个性化需求为导向,加强科技基础设施和条件平台建设,努力提高政府服务水平;积极开展面向战略性新兴产业的基础性研究和前沿研究,储备一批科技成果;加强战略性新兴产业创新能力建设,推动集成、配套的工程化成果辐射、转移与扩散,促进战略性新兴产业的发展;运用市场机制集聚创新资源,组建省级产业技术创新战略联盟,实现企业、大学和科研机构等在战略层面的有效结合;搭建战略性新兴产业科技成果转化信息服务平台,开展多形式的科技成果转化活动,促进与战略性新兴产业相关科技成果转化与产业化;支持企业专利技术的产业化,鼓励具有专利技术的企业参与行业标准、国家标准、国际标准的制定。

3.传统产业多元化发展

资源密集型地区建立现代产业体系,必须要发展相关接续产业,打破矿业经济独大的单一结构,形成产业多元化。资源密集型地区矿业经济的接续产业来源于三个方面:一是依托资源开采与加工所发展起来的资源型技术服务业;二是依托资源发展起来的高技术制造业;三是依托当地其他资源发展起来的相关产业。资源密集型地区接续产业的选择一般根据比较优势来进行,可选择第二产业如高技术制造业,也可以选择第三产业如生产服务业、旅游业,还可以选择第一产业如现代农业、现代林业,要因地制宜,不能照搬别人的模式。

(三)政策综合调控体系

河北省构建现代产业体系政策的内在机制是在省级经济区内根据国家宏观区域发展政策和产业政策结合本省实际制定的,将区域产业结构、组织、技术和布局政策相结合,多种政策互为补充,共同组成产业发展的政策调控体系。

1. 区域产业结构政策是政策调控体系的核心,具有提纲挈领的地位

其包括区域产业结构低碳化、合理化、高级化和多元化等方面。地方政府应规划调节地区产业方向和结构变动,选择扶持地方主导产业,促进产业结构合理化;培植产业结构的转换机制,促使资产由衰退产业向新兴产业转移,推动产业结构高级化;为环保技术和新兴产业提供财政、税收和技术支持,形成相互协调、促进的产业序列,推动产业结构低碳化与多元化。

2. 区域产业技术政策是动因

区域产业技术政策是基于地区特点制定的,是指旨在促进地区产业技术进步的政策措施。技术是产业关联的本源,技术结构低碳化、合理化、高级化程度直接影响产业结构的低碳化、合理化和高级化,二者在变化时间、因果关系、结构演化上紧密相关,当二者不相匹配、不能协调同步时必然阻碍健康合理的产业结构的形成和现代产业体系的构建。区域产业技术政策主要包括三方面内容:一是采用新技术有计划地建立一批新兴产业,增加高技术含量、高智力附加值、低能耗、低污染的优质产业在区域产业结构中的比重,从而降低耗能大、耗物多的传统产业比重;二是利用新技术对区域原有传统产业进行改造,进行技术升级、工艺升级和设备升级,从而推动传统产业更新换代,向低碳化和多元化方向发展;三是鼓励企业强化自主知识产权的创造、应用和保护,提高企业创建品牌的能力。在评定名牌产品、名牌企业时,应适当向战略性新兴产业倾斜。

3. 区域产业组织政策和产业布局政策是调控体系的手段和载体

区域产业组织政策是指政府采取一系列政策组织地区主导产业的大规模生产体系,充分利用规模经济,同时建立活跃适度的竞争秩序,保持企业生机与活力。区域产业布局政策是通过地区产业及企业的合理布局,实现空间经济效率与平等的和谐统一。只有当二者同产业结构政策协调一致地发挥作用时,区域产业结构调整的最优目标才有可能实现。在产业组织和布局政策方面,河北省可制定战略性新兴产业指导目录,对列入目录的企业和产品,优先享受国家和省级鼓励产业发展的有关政策,并在土地审批、环境评价等方面合理简化工作程序,减少审批环节。同时,加强战略性新兴产业规划及相关专项规划的管理,对纳入规划的项目优先组织实施。鼓励、吸引国内外各类资本投入河北省战略性新兴产业,凡符合产业政策和发展规划的企业和项目,均可享受同等扶持政策。

二、新兴产业培育发展机制

在新兴产业的培育方面,应完善区域合作创新机制,在充分利用河北省产业体系现有优势的基础上构建产业集群;充分发挥政府、企业和科研院所等各主体在创新活动过程中的职能作用,建立信息沟通和激励机制,促进产学研协同发展,使技术创新转化为生产力驱动新兴产业发展,为新兴产业创新发展提供有力支撑。

根据河北省产业基础和优势特色,河北省构建现代产业体系的新兴产业发展方向主要包括以下几个方面。

(一)新材料产业发展机制

河北省拥有唐钢、邯钢等一批具有相当技术实力和生产规模的金属材料生产企业,完全可以围绕航空航天和重大装备等产业发展的需求,集中优势资源,积极推进基础原材料与新材料的一体化发展,重点发展有色金属新材料、新型化工材料、新型高性能结构材料等

新材料,推进新材料及下游产品产业链发展,努力形成上下游产品配套协调的新材料产业体系,加快碳素新材料、性价比优良的碳纤维和碳纤维复合材料研究及工程化技术攻关;采用绿色镀膜技术与装备,在既有金属、非金属基础材料表面进行镀膜改性,重点开发和应用冷轧钢带、铜带、铝带、钛带、镁带等金属带材和非金属带材等特定功能的绿色镀膜材料。

(二)新能源产业发展机制

对于河北省以资源型产业为主导产业的城市地区,可以加快新能源基地建设,着力突破核心技术,在推动风电、太阳能等新能源产业快速发展的同时对传统资源产业进行提升,例如对传统煤炭产业可积极扶持附加值和技术要求较高的"煤制天然气、煤制烯烃、煤制油和煤制醇醚"等新型煤化工产业,力争使新能源产业和高级化、低碳化的传统产业成为河北省未来经济发展的支柱产业。

(三)生物产业发展机制

充分发挥河北省现有产业发展基础和比较优势,大力发展生物医药产业,既要积极推进安国"中药都"建设,力争将安国打造成河北省中药产业发展核心区、华北最大的中药生产基地、北方最大的以大宗中药材交易为主的综合性中药市场,实现中药材交易模式由传统向现代的转变,最终实现由中药材之都向中药之都的转变。同时又要加大生物产业现代化步伐,从大型企业跨越、中小企业提升等六个方面重点打造高端生物产业工程,同时在生物医药领域、生物农业领域、生物能源领域、生物制造领域和生物环保领域加大自主研发力度,以产业链和工业园为抓手,努力推进生物产业集聚。

(四)信息技术业发展机制

在信息技术产业布局上,河北省应继续做大做强太阳能光伏电池、通信设备、平板显示器件、半导体照明、安防与医疗电子、光伏等六大优势产业链,大力推进物联网相关技术在食品安全、综合安防、基础设施节能改造、医药卫生管理、畜牧业管理等支柱性产业和民生汇聚领域的规模化应用。同时,克服京津等地对软件和IT人才的虹吸效应,变劣势为优势,积极承接"南资北移"和京津产业转移,有效整合政府、院校(科研机构)、企业和金融机构等诸多领域的先进技术、产业化力量和资源,提升河北省软件与IT企业生存能力和创新能力。

(五)装备制造业发展机制

发挥现有产业优势和龙头企业带动作用,以扩大产业规模、抢占竞争制高点为目标,通过改造提升,强化创新,突破一批关键技术、高端共性技术和瓶颈技术,形成先进装备生产和推广应用协同发展的新局面。河北省应继续加大对交通运输装备、能源装备、工程装备、专用设备、船舶与海洋工程装备及智能装备等产业的技术、资金和政策的支持力度,充分发挥各地装备制造业基础和区位优势,统筹规划,合理布局,以龙头企业和优势产品为依托,壮大整机产品规模,延伸产业链条,完善配套体系,提升综合竞争力。按照"资源节约、生产节约、生态环保"的原则,科学规划,积极引导,推进企业聚集。将装备制造业为主导产业聚集区优先列为省级产业聚集区,各设区市要优先将装备制造业聚集区纳入当地土地利用总体规划。

三、产业淘汰与转型升级机制

产业淘汰与转型升级机制就是从低碳发展的原则出发,一方面,针对高能耗、高污染的传统产业运行的各个环节建立一套有效的政府制约机制,通过建立与产业发展相适应的奖惩制度和环境审查监管制度,对企业节能减排阶段性目标的完成情况进行评价等一系列制度约束来提高产业准入门槛,淘汰落后产能。另一方面,针对传统产业转型升级建立政府支持机制,兼顾第一、二、三产业和经济社会协调发展,统筹规划产业布局、结构调整、发展规模和建设时序,建立完善的财税和金融扶持体系。

河北省应结合本省实际,以钢铁、水泥等高能耗高污染行业为重点,坚持存量淘汰和增量限制相结合、兼并重组和主动转型相结合、经济手段——市场调节与行政手段——政策调控和法律手段——法律法规相结合原则,多措并举、统筹规划、扎实推进淘汰落后产能工作。

(一)行政政策调控机制

1.制定规划,引导促淘汰

坚持统一规划、合理布局、控制总量、有序发展的原则,统筹考虑能源、原材料、水资源、环境容量等支撑条件,针对钢铁、建材、煤炭、纺织、轻工等 11 个重点行业出台重点行业发展规划,逐行业明确结构调整方向和重点,锁定落后产能淘汰目标和期限,并通过规划调整产业布局等措施,积极引导和推进产业优化升级。

2.在"存量"上对落后产能采取行政限制措施

对列入淘汰范围的落后产能,一方面严格按照淘汰目标和标准,采取吊销生产许可证、排污许可证及停止供电等措施,确保限期淘汰到位;另一方面推行差别电价、累进水价和绿色信贷制度,提高排污收费和处罚标准,加大对淘汰落后产能企业的奖励和扶持力度,双向挤压落后产能生存空间,促其尽快退出市场。对国家明令淘汰的落后装备征收差别电价,并在电力紧张的情况下先行停限电。

3.在"增量"上对落后产能采取行政限制措施

实施更加注重节能、环保、质量、安全和职业卫生的地方性产业政策,提高行业准入门槛,推行项目决策咨询制度和新开工项目审批问责制,严格限制和禁止新上"双高"类项目。对新建和改扩建项目,严格执行国家产业政策和河北省政府出台的区域禁(限)批规定,加强项目审核管理,严格环评、土地和安全生产审批,从项目审批、节能评估、环境评价、土地供应、安全生产等方面严把准入关,坚决防止低水平重复建设,严禁新增落后产能。

4.通过置换转型政策推动落后产能淘汰,坚持淘汰落后与兼并重组相结合

首先,结合各地实际出台产能等量置换、减量置换等政策措施,建立政策激励新增产能和落后产能置换机制,推动落后产能有序退出;同时,引导企业适时加快技术改造,通过转型升级淘汰落后产能。例如,唐山市对列入水泥淘汰计划的企业,按每万吨产能补助 20 万元的标准给予补偿;石家庄市鹿泉等地也规定,新上大型水泥项目必须等量购买被淘汰的小水泥产能指标,否则不予立项,通过经济补偿促使落后产能加速淘汰。

5.通过示范效应带动促淘汰

在河北省选择重点县(市、区)和重点企业,实施节能减排和产业转型示范工程。各地政府对节能减排和产业转型的重点单位逐一明确节能减排、淘汰落后产能等在内的各项目

标任务,届时不能完成节能减排和淘汰落后产能目标任务的,县(市、区)政府主要负责人和国企法人代表将被问责,民营企业依法被停产整治。

(二)经济杠杆刺激机制

经济杠杆控制手段具体可分为抑制型和诱导型手段两种。前者指政府利用各种价值工具,通过调控被干预对象的利益关系或输出利益信号影响抑制被干预对象的经济行为,从而使其行为方式服从产业政策目标,常用的价值手段包括财政、金融、税收、汇率等;后者指政府发布有关经济信息,影响被干预对象的价值判断,从而使其趋向有利于产业政策目标的方向行动。

1.在"抑制型"经济手段方面

可以发挥政府采购导向作用,对政府投资的工程及采购的办公用品进行规格和品种限制,规定只选择节能环保低碳工艺技术的产品,严禁采购使用列入限制和淘汰目录的产品和装备。例如,在水泥结构调整方面,可出台政策规定,河北省内重要建设工程等基础设施必须使用新型干法水泥。完善水、电、气等资源使用差别化、阶梯式价格调节机制,对钢铁、化工、印染、造纸等落后产能实施惩罚性价格,加大排污费征收标准和力度,提高这些行业企业生产经营成本,挤压其市场生存空间。

2.在"诱导型"经济手段方面

免税政策优先向采用先进工艺和技术的企业倾斜,同时统筹利用各级政府财政资金推动淘汰落后产能,全面落实国家对战略性新兴产业企业的相关增值税、企业所得税税收优惠政策,引导战略性新兴产业企业用好国家鼓励进口设备的减免税政策,引导和促进各种科技创新要素向战略性新兴产业集中和倾斜。

(三)法律法规约束机制

依法加强对水泥、钢铁、有色、化工、印染、造纸、电力等行业落后企业的环保监督性监测、减排检查和执法检查,以及产品质量标准、能耗限额标准和安全生产规定的监督检查,提高落后产能企业使用能源、资源、环境和土地的成本,对不达标、不达限、不合规的企业实行整顿、改造直至关停。支持地方政府对环境敏感地区的落后产能实施关停。

政府通过法律部门司法权力的执行保证产业发展环境的优化,产业间和产业内部关系的协调,保证产业政策得以完整地贯彻实施。淘汰落后产能(装备、工艺等)的主要法律法规依据是《中华人民共和国大气污染防治法》《中华人民共和国水污染防治法(96 修正)》《中华人民共和国固体废物污染环境防治法(2004 年修订)》《中华人民共和国清洁生产促进法》《中华人民共和国安全生产法》等。

《中华人民共和国大气污染防治法》第十九条、《中华人民共和国水污染防治法》第二十二条、《中华人民共和国固体废弃物污染防治法》第二十八条,以及《中华人民共和国清洁生产促进法》第十二条等法律法规中都明确了国务院经济综合主管部门会同国务院有关部门公布限期禁止采用的严重污染大气、水体、土壤等环境及严重危及生产安全的工艺名录和限期禁止生产、禁止销售、禁止进口、禁止使用的设备名录。生产者、销售者、进口者或者使用者必须在国务院经济综合主管部门会同国务院有关部门规定的期限内分别停止生产、销售、进口或者使用列入前款规定的名录中的设备。生产工艺的采用者必须在国务院经济综合主管部门会同国务院有关部门规定的期限内停止采用列入前款规定的名录中的工艺。

对于生产、销售、进口或者使用禁止生产、销售、进口、使用的设备，或者采用禁止采用的工艺的，政府相关主管部门应依法进行相应处罚。

虽然目前经济体制改革初见成效，但权威的产业法制基础还未形成，产业立法远远落后于市场经济发展的需求。为提高政策实施力度，地方政府应加强合理产业法制环境的建设，为建立健全必要的产业政策推行法规创造条件。

四、产学研合作创新机制

产学研合作创新机制就是企业、大专院校与科研院所基于各自优势，建立互利共生联盟，集各家之长使创新活动和创新成果充分市场化、产业化，转变为现实生产力。产学研合作创新机制首先需要政府根据河北省自身的产业基础和资源享赋，从本区域的实际和京津冀协同发展的战略背景出发，构建适宜本区域实际的产学研合作创新系统，实现信息、资金、人员、技术设备等资源要素的流动来实现协同创新。

产学研合作创新系统的主体是企业、大专院校和科研院所、地方政府、金融机构等；合作创新的过程涉及信息、技术、人员、资金等资源要素的流动；合作创新的结果涉及利益分配、知识产权归属、后续合作期望等。因此，资源密集型地区在完善合作创新机制过程中，需要厘清各主体在创新活动过程中的职能划分，建立信息沟通机制、内在激励机制，实现优势互补、利益共享基础上的协同创新行为。

产学研智力支撑机制主要包括推动机制、分工机制、协调机制、学习机制和利益分配机制等方面，其整体运行框架，如图6－7所示。

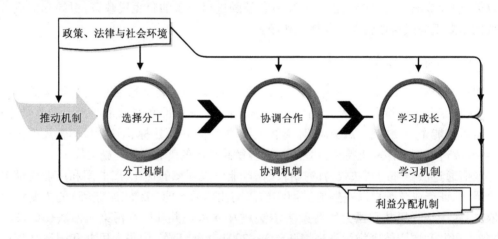

图6－7　产学研智力支撑机制

（一）推动机制

推动机制是指通过制定有关政策、制度和运作方式来刺激发展需求，利用发展需求、经济利益和利好政策等因素来激励企业与大专院校和科研院所产生结盟意愿，提高结盟兴趣，巩固联盟发展。

利益与发展需求推动机制就是要通过产学研结成联盟来实现优势互补，各取所需：一方面，使企业从大专院校和科研院所获得所需的智力资本、技术和信息资源，从而形成企业的综合优势，提高企业的综合竞争力与经济效益；另一方面，大专院校和科研院所能够通过产学研联盟增进对市场和社会需求的了解,加快科技创新和成果转化速度并获得更多的科研经费。

政策推动机制就是政府制定各种优惠政策,刺激产学研联盟各方产生结盟意愿,加强科技服务企业与大专院校和科研院所的交流合作。政府一方面可采取税收减免、财政补贴等措施鼓励企业进行相关环保节能技术设备的引进及自主创新;另一方面,则需要进一步健全相关的知识产权保护制度,对企业的自主创新行为进行保护,营造尊重和保护相关知识产权的法治环境。

(二)分工机制

分工机制就是企业与大专院校和科研院所按照各自能力相容、优势互补和沟通成本较小的原则,进行双向选择并配对结盟而形成互利共生体,从综合优势最大化的角度,科学确定联盟伙伴并进行科学、合理分工的规则和程序。分工机制要求共生双方对共生伙伴的有关因素进行充分分析,提高联盟的成功率。这就需要进一步健全和发展河北省的中介机构,构建企业与大专院校和科研院所的信息交流平台,尽最大可能降低产学研联盟中共生伙伴选择的成本与盲目性。

在分工机制中,企业需要利用其对市场的洞察力及对市场需求变化信息快速反应能力,提高大专院校和科研院所进行科技研发的针对性,加快科研成果的转化效率。大专院校和科研院所则需要掌握大量先进、前沿技术的研究动态,借助其所拥有的数字及图书资源、实验仪器设备和智力资源,为企业缩短研发时间,提高技术水平,提供智力支持。

在具体分工时,企业应重点从事市场信息研究、日常管理、产品生产、推广销售等经营性事务;而大专院校和科研院所则重点从事研发、新产品试验与检测、技术改进、研发队伍培养等研发型工作;政府则需要制定政策在大学和科研机构形成针对河北省相关产业能耗和污染特点的环保技术研发团队,为河北省相关产业环保技术的引进和产业转型升级提供技术支撑,同时建立环保节能技术网络服务系统,通过网络平台向企业提供及时、准确的环保节能相关技术、设备等信息。

(三)协调机制

协调机制是遵循以较小的协调费用保持联盟高效运行的原则,制定联盟规划,协调联盟各方工作进度,协调各方的责、权、利及工作方式,加快文化整合,寻找各方的最佳契合点,提高产学研联盟的经营效率的方式与方法。

按照协同论的观点,只要系统内部各要素相互配合,各尽其职,协同工作,就会使系统整体效应大于各要素单独效应之和。良好的协调机制要有明确的规章制度和有力的执行措施:一是要建立规范的信息披露制度,及时准确地披露联盟相关信息,提高各方的信任度;二是要建立联盟各方沟通与协商渠道,完善工作协调方式,以提高联盟的运行效率;三是建立共同参与联盟规划与调整制度,保证联盟战略制定和规划调整的科学性与客观性;四是建立良好的约束与激励机制,以进一步规范联盟成员及其全体员工的行为,同时对做出贡献的人员给予奖励,以调动联盟员工的积极性。

提高产学研共生体内部协调性的模式之一就是由地方政府、高校和企业共同建立产学研科技园区、技术开发中心等研发基地。这些研发和创新基地集科、工、贸于一身,使不同性质的组织在一定区域内基于科学技术和经济发展需求而形成的共生模式。这种共生模式在促进经济与产业结构战略性调整和行业技术进步方面成绩显著。好的科技园区环境可以促进产学研共生体内部协调合作和高效运作,同时促使科技园区产生更强的创新效应和集群效应。

(四)学习机制

学习机制就是通过构建学习型组织,加强联盟内部学习的有关制度、规则与方式。企业、高校及科研院所应根据联盟现状和发展的不同阶段,科学地选择相应的学习内容和方式,要对产学研联盟成员设定明确的学习计划、学习内容与任务和学习规则,选择合适的知识管理模式并建立联盟组织学习的知识内化通道,促进产学研共生体中学习机制的形成与完善。

企业和大专院校与科研院所可以通过共建"研发中心"等机构相互促进,提高产学研共生体的学习能力和效率。这种机构主要从事研发与市场需求衔接的关键性技术,由大专院校、科研机构与企业共建研究与开发机构,双方共同选择技术研发课题,由企业提供研究经费,大专院校和科研机构提供人才和技术,吸收企业高级技术人才共同参与研发工作或指导企业研究人员进行中间试验。通过组建这类机构,一方面企业提高了研发能力和水平,丰富了知识储备,学到了先进的技术;另一方面,大专院校和科研院所提高了科研创新的实践能力,开阔了视野,提高了管理、沟通、协调等能力。

(五)利益分配机制

利益分配机制是按照公平、客观的原则,科学确定联盟各方利益分配情况的具体规则和分配方法。产学研共生体的利益分配应主要依据各方对联盟贡献的大小。通常在产学研联盟建立之初,可以采用各方接受的方法,对各方利益分配比例和方法做出清晰、明确的规定。目前产学研共生体的利益分配主要通过以下几种模式进行。

1. 共建经济实体

即大专院校和科研机构与企业共同组建集研制、开发、生产于一体的高科技经济实体。这一模式实现了资本、劳动和科学技术的有机结合,各种资本相互渗透,按各自资本对经济实体经济效益的贡献率来进行利益分配。这种模式对企业而言可以在降低研发成本的同时提高自己的核心技术水平,对大专院校和科研机构而言则提高了科研创新成果的市场转化率,同时获得了可观的研发经费。

2. 大专院校和科研机构通过技术入股,合作生产

这种模式是以高校科技成果转化为前提条件的产学研技术联盟模式。大专院校和科研机构以科技成果作为技术资本向企业投资入股,从而实现利益分享。在这一模式中,大专院校、科研机构和企业凭借自身优势资源进行合作,共同面对各种风险和挑战。

五、产业协调发展机制

(一)协商合作反馈机制

在当前的开放经济体系下,一个地区的产业体系的构建与发展过程可能涉及多方面关系,如中央与地方、地方政府与企业、地方与地方之间等。各国与各地区的产业发展实践表明,建立多元利益主体的合作反馈机制是现代产业体系健康发展的重要条件。提高地区间

的产业合作水平,构筑协调发展的格局,推进地区产业整合和产业联动发展,是各个政府部门和企业家们的基本共识。河北省在建立现代产业体系过程中,必须要融入区域经济区,充分利用内外部条件,通过竞争与合作,发挥自身优势,发展自身能力。

打破行政格局,在思想上接受并认可区域经济联盟是资源密集型地区构建现代产业体系的首要工作。资源密集型地区不能只盯着自身矿产资源禀赋,否则会产生"盲目乐观论""消极论""悲观论"等不利于地区可持续发展的观点。资源密集型地区政府及矿业企业应打破行政区域及意识上的障碍和贸易壁垒,促进服务、资本、技术和人员的自由流动,实现优势互补、优势共享或优势叠加,把分散的经济活动有机地组织起来,形成一种合作生产力,促进区域经济的共同发展。协商反馈机制需要政府处理好以下四种关系。

1. 与中央政府的关系

由于不可避免的区域本体利益的存在,使国家产业政策和区域产业政策或多或少地存在矛盾,地方政府在实施区域产业政策时必须处理好与中央的关系,尤其要处理好与中央直属企业的关系,同中央各产业部门协调一致,减少政策实施的摩擦阻力,在有利于国家利益前提下实现区域利益最大化。

2. 与中介机构的关系

中介机构作为政府与企业联系的纽带,参与区域产业政策的制定、实施及监督。为保证决策顺利实施并增强其可操作性,地方政府需发展、完善中介机构,加强与其之间的联系,接受其建议和监督。

3. 与企业的关系

市场机制的逐步建立要求地方政府实现由生产者到服务者的角色转换,依据区域产业政策,多采用经济、法律手段对企业生产经营进行宏观调控,尽可能避免直接行政干预。与此同时,企业作为实施客体对政策的反应直接或通过中介机构间接反馈到地方政府,使其在政策实施过程中不断调整方式、方法和手段,并为政策修订提供参考和建议。

4. 与其他地方政府的关系

地区资源差异性和互补性决定了实施区域产业政策必须依靠区际协作分工。区域间经济联系的日益密切要求地方政府改变过去"地区封锁"、地方保护主义的做法,加强横向经济联合与交流,支持资金、技术、人才的跨地区流动,在区域合作与竞争中占据主动地位,充分发挥本地区优势,促进地区经济持续、稳定、协调发展。

(二)产业生态集群机制

要想在低碳背景下构建现代产业体系,在空间布局上必须走产业生态集群发展道路。目前一些资源密集型地区建立的生态工业园区,就是发展资源型产业集群的重要举措。通过资源精深加工和综合利用的资源型产业集群发展,形成深度的专业化分工合作、完整的价值链条、健全的产业支持体系,使得每个企业具有较高的效率,促进企业间进行物质流、能量流和信息流的联通循环,加快技术和知识的流动性,加大主导产业对区域其他产业发展的外溢效应和拉动作用,从而增强该地区产业的综合竞争优势。此外,产业生态集群发展也为低碳经济发展提供了必要的技术、资金及市场等关键要素,是低碳经济发展必要的产业组织要求。

1.构建产业生态价值链

充分利用产业链的深度,加强资源的循环利用,从而实现集群系统内物质的充分利用和能量循环,最大限度减少"废物"排放,形成一个封闭的产业生态价值链,通过循环经济产业集群工业园区的构建,形成共享资源型的产业集群,在保护环境的同时,实现集群内资源的增值效应。除此之外,政府还应在财政或税收方面给予企业在循环经济技术引进和项目实施上的补贴及税收减免,积极促进生态技术的引进、消化、吸收和创新,从而最大限度地提升和促进资源型产业集群的可持续发展动力。

2.加强产业联动发展

在加快融入京津冀大经济区的同时,积极协调河北省各城市间的产业整合和产业联动发展,充分利用河北省产业体系的内、外部环境条件,突破地区保护意识及地域行政障碍,通过竞争与合作,实现优势互补,有重点地发展比较优势产业,避免河北省内各地区产业的重复建设和恶性竞争。在这个过程中,建立政府和市场双协调机制:政府建立顺畅的沟通渠道和合理的法规流程用以协调各方要素投入和利益分配;通过市场调节来发挥各自产业方面的比较优势,形成区域间合理的产业分工、转移和集群,促进生产要素的合理分配。

实行以分工与合作为核心内容的产业联动是资源密集型地区融入区域经济区的必然选择。随着区域经济的发展,客观上增强了区域内不同地区产业的关联效应,地区产业发展必须在更大的区域经济范围内配置资源。资源密集型地区可根据矿业自身特点,发展上下游行业,从开采、勘探到周边配套产业,实现一体化的经济区域,不仅在战略上形成联盟,还可在上下游市场中互补优势,互相提供所需市场。在这个过程中,要做到政府协调和市场协调:通过政府间的沟通,制定合作的法规用以协调各方要素的投入、利益分配以及风险的承担;通过市场协调发挥各自产业方面的比较优势,形成区域间合理的产业分工,通过产业转移和企业投资扩张等形式,把相关产业联结起来,优势互补,促进生产要素的合理分配,有重点地发展比较优势产业,同时避免区域内各地区产业的重复建设和竞争。

六、产业发展保障机制

河北省现代产业体系建设的保障机制就是要优化产业发展环境,加强软硬件建设。构建现代产业体系离不开良好的产业发展环境,优化产业发展环境是河北省构建现代产业体系的前提条件和必要条件。这一"环境"不仅包括交通运输、公共服务等"硬件"建设,还包括地区人力资源、地区文化、地方政府职能、地区市场机制等"软件"建设。

(一)"硬件"保障体系

"硬件"建设的核心在于加快有利于产业发展的基础设施的建设。各级政府要制订基础设施建设工程的财政性建设资金使用计划。

1.交通设施保障

首先,继续加大交通设施建设力度,完善公路、铁路、海路、航空等立体交通网络系统。一是要加快港口现代化建设和结构调整,完善路网支持体系,从而保障沿海地区产业依托海港优势快速发展,打造沿海产业增长极。二是要加快京津冀路网对接,推动京津冀大通道和交通一体化建设。以京津机场、铁路和客运枢纽为切入点,打通瓶颈路,实现城市公交、客运一体化及京津县乡路网对接,提高物流运输体系运行效率。三是紧紧围绕产业园区、物资流动量大的重点企业和县乡边远地区的中小企业,加快公路网络化建设,加快普通干线和县乡绕城公路建设,实现通乡公路和连村道路升级。

其次,推动交通科学化,加快智能化交通建设,通过科技创新和科学管理构建多种运输方式"零距离"无缝隙衔接的现代综合运输体系。

第一,在综合调度与控制方面,提高对两级公路网及船舶、航道和港口的高效指挥和调度、全方位监控监管及应急处置的能力。

第二,安全保障方面,针对高速公路、重点航道等对气象条件有依赖性的交通网络,提升精确化气象预警水平,推动建立应急和救援联动保障体系。

第三,在交通信息服务方面,形成覆盖城乡、兼顾多种运输方式的综合交通信息服务体系。

第四,在货运组织管理方面,为产业物流系统提供多种运输方式物资信息共享和通关单证一体化服务。

第五,在电子支付方面,完善联网收费系统,形成跨区域、多模式的综合交通电子支付体系。

2. 城市管网设施保障

城市管网主要包括电力、电信、网络、通信、热力、燃气、雨水和污水排水等。现代产业运行所必需的物质流、能量流和信息流都需要通过城市管网的输送才能顺畅流通。

第一,供水设施方面,加快完善与现代产业发展相适应的配套地表水厂和配水管网,推进重点用水产业的节水工艺和设备升级改造。

第二,在燃气设施方面,建立多气源的产业供气体系,加快调整用气结构,优先利用天然气,因地制宜地利用焦炉煤气。

第三,在供热设施方面,建立燃气、地热、热泵、工业余热、太阳能、垃圾焚化等多种能源供热的产业综合供热体系,大力扶持太阳能与清洁能源新型低碳综合利用技术在产业供热领域的应用,禁止相关产业新建分散燃煤锅炉。

第四,在城市电网方面,推进产业电网智能化,逐步提高相关产业电力系统利用率、安全水平和电能质量,实现各电压等级协调发展。

第五,在通信设施方面,全面提高宽带的覆盖范围、信息传输速度与质量,提高通信业务承载能力。

3. 科教文卫设施保障

一个地区的产业尤其是工业园区健康发展的必要条件之一就是当地配套的科教文卫设施的完善。

第一,在科教方面,加大对教育特别是地方高校的支持力度,积极促进校企联合和产学研联合。一方面加强省内地方高校的教学科研水平,提高地方高校对本地产业的智力支撑能力;另一方面积极吸纳京津的知名高校在河北省建分支机构,鼓励其立足河北省产业实际,在环境整治、产业升级转型等领域开展科研。例如,清华大学在秦皇岛成立智能装备研究院,北京大学和秦皇岛经济技术开发区共同建设的北京大学(秦皇岛)科技产业园项目,努力打造国内"科、教、医"三位一体的高科技园区。

第二,在医疗卫生方面,一方面扩大工伤保险覆盖范围,不断调整和完善工伤保险政策体系,切实发挥工伤保险分散企业风险、保障职工权益的功能作用;另一方面,大力推行职业病、工伤等与煤矿、钢铁、建筑施工等行业息息相关的医疗卫生服务,努力推进在河北省范围内为工伤保险参保单位及接触有毒有害物质职工定期进行工伤职业病状况调查,全面建立职工工伤职业病状况档案和数据。

第三,在文化建设方面,为了克服河北省品牌开发能力和水平较低、品牌运作能力差等产业发展短板,亟须将"科技"与"文化""创意"有机连接起来,构建创意河北,加强创新型文化产业建设,从而改善产业结构,实现经济增长方式转变。

(二)"软件"保障体系

"软件"建设的核心在于政府作用的发挥。河北省传统产业低碳化、高级化和多元化发展战略的实现及接替产业的培育都需要对河北省的产业技术结构、产业组织结构、利益结构等在内的关系进行调整和理顺,必然会遇到各种制约因素的影响,客观上要求政府发挥核心作用。

1. 政府服务与管理保障机制

产业体系建设保障机制首先要加强服务性政府建设,改善政府行政服务的工作效能。

一方面,要规范产业管理方式,梳理各个职能部门的工作关系,提高服务意识、工作效率和质量,在各级地方政府均建立面向企业的"一站式"服务模式。

另一方面,提高政府行政管理能力,科学制定产业政策,完善相关政策扶持体系。从财政扶持政策、税收优惠政策、金融资本政策等方面为河北省现代产业体系建设提供资金保障,创造有利于产业发展创新的政策环境。同时,引导产学研合作创新,建立安全生产、节能减排等企业责任监督体系。

2. 引智与选资机制

所谓"引智"包括两个方面。一方面,河北省要抓住京津冀经济区产业结构调整及产业转移等时机,加快建设人才的"引进"与"留住"机制,实施"人才—培养"和"人才—引进—扎根"项目。首先,进一步加强人力资源开发和利用,依托"省部、省院合作"平台,通过高等院校、科研院所、企业等多种渠道,加强战略性新兴产业领域创新型人才培养和高层次人才特聘制度。其次,进一步完善人才管理机制,通过引进、培训等各种方式,培养一批战略性新兴产业领军人才和创新科研团队,创新和优化企业人才服务工作。通过项目联合攻关、选派访问学者、留学生和设立奖学金及科技特派员等方式,培养具有创造性的中青年技术创新人才。鼓励有科技成果的科技人员到河北省创业发展。建立健全科技人才和经营管理人才激励机制,以战略性新兴产业发展和重点项目聚集人才。

另一方面,各级政府要针对现代产业发展的技术需求、科学管理与决策需求、合理转型需求等问题建立企业家和管理层培训、战略咨询等学习型社会培训制度,引导企业树立低碳、高效的经营管理理念和社会责任,促进产业创新和多元化发展。所谓"选资"而非"引资",是指河北省要根据自身产业发展特点和优势、劣势,合理选择有利于河北省产业健康可持续发展的优质投资项目。

3. 信息服务机制

根据河北省产业发展需求建立信息服务网络,打破不同产业间横向和产业链条内部纵向中由于沟通不畅导致的信息不对称问题,为河北省现代产业建设提供信息保障。

第一,通过政府网站、交流会议、文件传达等方式,一方面使企业及时了解政府的发展战略、发展思路和发展动向,另一方面为企业提供及时、准确的信息资源。

第二,构建政府相关部门主管领导与大企业、大集团企业家之间的交流平台,通过热线电话和座谈等形式,加强政府领导和企业经营管理层之间的交流对话,加强信息互通。

第三,通过举办讲座、沙龙等灵活多样的交流形式,加强政界、知识界、新闻界与企业界的信息交流机制,使社会各界了解企业动态,也使企业及时获取政策和市场信息,吸收先进的管理理念和技术,保障产业的健康发展。

4.就业保障机制

建立就业保障机制,第一,就是要建立完善人力资源与企业需求的对接机制,为产业发展及时提供相应的人力资源支持;建立专业培训机构,根据产业发展和人力市场需要及时调整和把握专业技能培训方向,特别是要将重点放在从传统产业向低碳产业的技能培训上。第二,建立和完善创业政策体系、创业服务体系和创业组织管理体系,通过进行创业培训、组织专家咨询、加大创业资金扶持等方式促进新兴产业发展。第三,充分利用城乡各类园区、规模较大的闲置厂房和场地、专业化市场等适合小企业聚集创业的场所,积极创建创业孵化基地。第四,通过建立创业项目开发、论证、展示和推介等机制,科学选择适合河北省的低碳优质的新兴产业,降低创业成本,加快创业速度,提高项目成功转化率,从而推动产业向低碳化、多元化发展。

七、政策建议

发展低碳经济既是应对目前中国日益突出的环境问题的必然选择,也是实现能源安全和经济可持续发展的必由之路。河北省毗邻京津,作为一个工业大省同时也是污染问题突出的省份,加快产业升级,淘汰落后产能,促使产业体系低碳化转型成为河北省产业体系建设的首要选择。根据河北省当前的产业结构状况以及"十二五""十三五"低碳发展目标,对河北省产业体系建设提出了如下的对策建议。

(一)融低碳理念入第一产业

河北省的农业发展一直属于"高污染""高能耗""低效益"的粗放式发展模式,因而导致农业资源过度开发、环境破坏严重。因此需要进一步调整优化农业结构,推进农业产业化经营,调整农业区域布局,运用现代科技改造传统农业。大力促进高产、优质、高效、低耗、生态、安全农业的发展,基本形成生产集约化、产出高效化、装备现代化、管理科学化的现代型农业体系,切实提高农业综合生产力,推动农业由粗放型向精细型转变,走低污染、低能耗、低排放的低碳式农业发展之路。要实现农业现代化和低碳化转变,应该努力做到以下几点。

1.尽量使用粪肥、堆肥、有机肥

减少化肥的使用量,促使土壤有机质含量的提高,采用秸秆还田的方式提高土壤养分,增加土壤的保墒条件和生产力;同时利用生物相生相克的关系和物理手段进行病虫害防治,如杀虫灯、黏虫板、高密度防虫网、黄板诱蚜、熊蜂授粉等降低农产品对农药(特别是高残留农药)的依赖性,以此达到降低单位产出所消耗的化石能源、降低废弃物排放和提高资源生产率的目的,提供绿色、健康、无公害食品。

2.推广立体种植、太阳能、沼气等技术

对于农林业生产和加工过程中产生大量的废弃物,如秸秆、树木枝丫、畜禽粪便等,可以通过一定的方式转变为可利用资源,从而将其对环境产生的负效用转变为经济发展的正效应。

（1）大力普及立体种植技术，在一定程度上能够提高单位土地面积对太阳能资源有效利用率。

（2）太阳能利用的转换装置主要是太阳能热水器和太阳能发电机，太阳能热水器的使用将改善农民生活，太阳能发电机将为大棚生产提供清洁热能。通过对太阳能的有效利用，能够大幅度减少农业生产过程中所使用的化石能源，从而降低能源消耗对环境产生的污染。

（3）沼气作为一种新型清洁能源正逐渐被广大农民所接受，通过对"三沼（沼气、沼液、沼渣）"的综合利用，能够有效巩固退耕还林、还草的成果，促进果业、草畜业、设施农业的发展，实现农业向绿色无公害化发展。

3.优化农业结构，发展农业产业化；延伸农产品加工链，提高单位产出的附加值

一方面，面对日益严峻的经济发达国家农业贸易壁垒和消费者普遍关注的食品安全问题，河北省农业产业必须加紧修炼"内功"，努力提高农产品的品质和附加值，不断延伸农产品产业链条，进行农产品深加工和精加工；另一方面，大力发展农业产业化，建立环环相扣的无公害绿色农产品生产体系，推广"统一标准建棚、统一工厂化育苗、统一标准管理、统一技术服务、统一品牌销售"的"五统一"标准化生产销售模式，提高河北省农产品企业及农户的质量安全意识，形成"公司＋基地""公司＋基地＋农户"的经营模式，使农产品从种养、加工、包装、运输到营销、新产品开发，形成一条成熟、完整的产业链。

（二）推动工业结构低碳化升级转型

第二产业是一个国家或地区保证其国民经济长期、有效、平稳发展及保持社会稳定的关键。自改革开放以来，河北省第二产业得以迅猛发展，第二产业尤其是重工业成为带动河北省经济增长的主要动力，占据着经济增长中的支柱地位。由此可见，河北省经济的结构特征与发展水平在很大程度上取决于第二产业内部结构状态及工业内部结构状态。因此，调整河北省第二产业，促进其第二产业升级，对河北省发展低碳经济至关重要。

1.加快能源结构的低碳化调整

河北省最大的碳排放源是化石能源的燃烧，然而目前河北省能源消费又以化石能源为主，而其"富煤、少油、贫气"的资源禀赋特点又决定了化石能源中消费量最大的是 CO_2 排放的"主力军"——煤炭。因此，河北省要减少碳排放量、发展低碳经济，必须合理地改善能源结构，尤其是以煤炭为主的能源消费结构。河北省应该在现有的化石能源中，以勘探、开采、开发天然气为中心，建立示范低碳发电站。同时，还应积极开发利用新能源与可再生能源，有计划地开发利用风能、水能、太阳能、地热能、潮汐能、生物质能等各种低碳或无碳的绿色能源，大力推进清洁能源的发展，促使能源链由高碳环节向低碳甚至无碳环节转移。

2.大力推进传统工业体系的低碳化转型

正如我国学者谢来辉所指出的：低碳经济的发展核心在于"碳锁定"的解除。河北省在对传统工业产业进行升级改造时，可以利用现有的低碳技术解除其技术锁定，从而促使高能耗、高污染、高排放的高碳工业向低能耗、低污染、低排放甚至零排放的低碳工业转变。现有的低碳技术主要包括节能技术、环保技术、清洁煤技术、智能电网技术、可再生能源技术、建筑新材料技术等。同时，政府应建立一定的成本补偿机制，对进行低碳技术、自主创新及最先采用低碳技术的企业给予一定的成本补偿，弥补其成本损失。

3.加快生态工业园区的建设

生态工业园区有两种模式:一种属于自组织型,是指在完全没有行政计划或政策管理影响的前提下,企业自发形成的一种相互合作的模式;另一种属于规划设计型,通常是建立在企业或部门间具有一定的商业合作及物质能量交换基础上,是根据企业或部门之间具有的特定商业合作关系和自然资源流进行设计或改造而形成的生态工业园区。

河北省应该在现有的高新技术开发区、高新技术企业孵化器等平台的基础上,把一系列彼此之间具有一定关联性的生态产业链组合起来,利用各企业之间存在的物质、能量及信息集成,延伸工业生产链,完成生态工业园区的运行框架;同时,加大对高新技术产业的招商力度,形成一批具有市场前景良好、竞争优势显著、资源消耗量少、环境污染小等优点的工业企业群;加快调整优化产业结构,以支柱产业为中心,延长产业链,增加科技含量,走集约、集群的发展道路,最终实现节能减排目的;限制、淘汰落后产能与技术设备,构建遵循低碳经济发展要求的产业链,加快新型工业化的发展步伐。

(三)大力发展低碳现代服务业

第三产业的发展水平是衡量一个国家或地区现代社会经济发展程度的重要标志,大力推进第三产业的发展是完善市场发育、优化资源配置、提高经济效益的重要途径。此外,与高碳排放的工业相比,低能耗、低污染、高产值的第三产业也是发展低碳经济的重要途径。因此,河北省要走低碳经济发展道路,就必须大力发展现代服务业,提高第三产业的规模、发展速度及在国民经济中所占的比重,努力降低经济增长对能源的需要量和依赖度。

1.倾力打造低碳旅游业

旅游业素有"无烟工业"之称,其具有资源消耗少、带动能力强、就业机会多、综合效益好的优点,因此正逐步成长为国民经济的战略性支柱产业。河北省具有较为丰富的旅游资源,通过北戴河、野三坡、山海关、避暑山庄、清东陵等重要旅游景点的开发建设,已基本形成了以人文和自然景观相结合为特点的特色旅游业。但是,我们必须认识到虽然说旅游业是低耗能、低污染的低碳产业,但并不代表它是零碳排放产业,相反旅游业本身也存在大量的碳排放,其 CO_2 排放源主要是交通(特别是空中飞行)、住宿及主题公园娱乐、滑雪等能耗排放较大的旅游活动和产业环节。河北省要打造低碳旅游业,可以从旅游六要素(吃、住、行、游、购、娱)方面入手,以低碳为理念进行景区的开发管理,创建生态型旅游体系。

2.借力京津优势资源,大力发展河北省文化创意产业等新型业态

随着知识经济时代的到来,当文化、思想与科技、经济紧密结合、相互交融并不断发展成熟,文化创意产业就应运而生。由于文化创意产业具有知识密集、智慧密集、附加值高及对自然资源(尤其是各种不可再生资源)的依赖性低等特点,因此文化创意产业能够迅速发展成为国民经济新的增长点,积累巨大的财富,在经济增长和社会发展中发挥着越来越重要的作用。创意产业以文化产品为主要载体,主要依靠开发人脑中的创意灵感,不需要消耗太多的能源和资源,不会产生大量的废弃物,不仅是经济活动中的生力军,同时也是其他产业发展的源泉,可以对经济产生巨大的拉动作用。

作为技术创新和研发环节的重要内容,创意产业在产业价值链中占据高端,在经济结

构中的可融性功能极强,能形成较强的产业聚合力,提高其他产品的附加值,创意产业能够为河北省产业体系的整体发展提供长远的影响力和推动力。综观世界创意产业繁荣发展的城市,如伦敦、纽约、东京、悉尼等,尽管发展创意产业的基础、背景不同,但共同规律是在进入后工业化社会后,开始发展创意产业。

河北省应通过采取新的战略思路和一系列行之有效的措施推动文化创意产业更好更快发展,形成文化创新与科技创新双轮驱动的格局,从而进一步推动河北省产业发展方式的根本性转变。

首先,河北省拥有独特的文化资源,关中有着丰厚的历史文化和颇具实力的现代文化,以开滦煤矿为代表的特色鲜明的近现代工业发展风情文化为河北省发展文化产业提供了巨大的潜力和空间。然而,由于一部分文化产业的发展过于依赖有形文化资源,造成该产业附加值较低、文化企业规模偏小、集约化程度不高、文化产业盲目发展、资源浪费等问题的,对此,河北省可以从如下三方面促进文化产业向低碳化转变:一是加快文化产业的科技、内容的自主创新;二是促进文化企业规模化、文化产品品牌化的发展;三是树立科学发展理念,统筹兼顾地发展文化产业。

其次,通过学习借鉴京津两地的实践经验、吸引人才等方式,加快建立研发设计、文化传媒、咨询策划、动漫制作等文化创意产业园区;同时推动河北省有一定基础的重点大型企业依托自身优势积极开拓文化创意的发展路径,大力提升文化创意产业在河北省产业体系中的地位。

最后,充分利用河北省自身的地理位置优势,为京津等业已形成的文化中心提供影视制作、出版发行、印刷复制、广告会展、文艺娱乐等产业的"服务后勤体系",比如建立影视城等设施和服务。一方面,从中寻找新商机和产业发展的新机遇;另一方面,在为之提供"服务"的过程中不断学习借鉴,从而为优化本身的文化创意产业结构,提升文化创意产业创新能力创造条件,逐步建立具有河北省特色的文化产业营销体系,将文化创意产业逐步建设成为河北省现代产业体系中具有引擎作用的重要产业。

3. 优先发展低碳物流业

物流业是发展潜力最大的新兴产业之一,它的发展加快了市场经济中原材料和商品的流转速度,同时还是国民经济发展的重要组成之一。但是从低碳经济的视角来看,物流业也是碳排放大户之一,可见物流业的低碳化发展是实现低碳经济发展的有力支撑。从河北省发展看,当前和今后一个时期,面临着难得的历史机遇,包括京津冀区域经济一体化,首都经济圈纳入国家"十二五"规划,河北省沿海地区发展规划上升为国家战略,首都新机场将在北京和廊坊交界处兴建,国内"南资北移"呈加速趋势。在国家着力培育战略性新兴产业的大背景下,河北省一方面在新能源、新材料、生物医药、信息技术等领域具有接纳资金和产业转移的良好产业基础;另一方面,河北省具有接受辐射、借力发展的独特地理优势;同时近年来在城镇化、工业化加速推进和城镇面貌三年大变样的进程中成效凸显,有利于更好地聚集各种产业要素、凝聚和激发经济发展的动力和活力。基于以上的有利因素,河北省提出以加快转变经济发展方式为主线,推动产业结构优化升级,围绕加快发展和加速转型双重任务,培育一批千亿元级工业(产业)聚集区、开发区和大型企业集团。

　　河北省的现代物流业建设发展应以建设清洁交通运输体系为主,促进交通运输业的低碳发展之路。推广使用能源利用效率较高的交通运输设备,提高能源资源的利用效率,对交通基础设施进行统筹规划、科学布局,强化枢纽及疏运配套,完善各运输方式之间的相互衔接,集约利用交通资源;研制并推广新型清洁交通运输工具的应用,支持生产、销售小排量汽车,推动运输装备的大型化、专业化转变;大力推进第三方物流的发展,鼓励并支持传统物流企业和工商企业的物流改造,培育壮大一批大型的现代物流企业,促进物流业社会化、专业化、信息化程度的提高。

第二篇　排污权交易理论与实践

本篇简介

排污权交易最早是由美国经济学家戴尔斯于20世纪70年代提出的,本质上属于基于市场的环境政策工具。排污权交易最初被美国联邦环保局应用于大气及河流污染的治理,之后,德国、澳大利亚、英国等也相继进行了排污权交易的积极实践。我国是世界上最大的发展中国家,随着工业化进程的日益深化,经济实力不断增强,但同时环境污染问题也日益严重,并已成为制约我国经济社会可持续发展的重要因素。2002年以来,我国上海、江苏、山东、河南、山西、天津等省市,先后进行了排污权交易的综合试验工作,运用经济的杠杆作用,充分调动企业主动削减污染物排放总量的积极性,从一定程度上实现了减排的目标。

本篇综合运用制度设计理论、产业组织理论和博弈论等方法,重点探讨排污权交易体系的结构框架、河北省排污权交易体系,以及河北省排污权交易体系有效运转的制度安排。一方面旨在从理论上对排污权交易体系进行探索和创新,丰富和扩展现有的相关研究,另一方面为河北省顺利实施排污权交易提供必要的理论依据和政策支撑,进而推动河北省的节能减排工作。

第七章　排污权交易的国内外研究概述

第一节　国外研究现状

自从 1960 年科斯发表《社会成本问题》一文开始,环境经济学家们就试图将产权这一新思路应用于环境保护领域。1966 年,Crocker 首次提出了产权手段在空气污染控制方面应用的可能性,指出这种体系在实践方面导致的信息负担变化。1968 年,Dales 认为现有的法律体系事实上已经创造了一系列产权,但是由于不允许产权交易而丧失了效率。随着排污权交易实践的开展,与其相关的研究也逐渐深入,越来越趋向细化、具体化。纵观现有代表性文献,有关排污权交易的研究可以归纳为以下几方面。

一、排污权交易的理论基础研究

外部性的概念最早是由马歇尔在其所著《经济学原理》(1890 年)一书中提出的。马歇尔用"内部经济""外部经济"这一对概念,来说明第四类生产要素的变化如何能导致产量的增加。1924 年,马歇尔的学生庇古在其名著《福利经济学》中进一步研究和完善了外部性问题。他提出了"内部不经济""外部不经济"的概念,将外部性问题的研究从外部因素对企业的影响效果转向企业或居民对其他企业或居民的影响效果,并从社会资源最优配置的角度出发,应用边际分析方法,提出了边际社会净产值和边际私人净产值,最终形成了外部性理论,并建议政府采取"庇古税"经济政策,成为排污权交易的理论基础。

1960 年,美国经济学家罗纳德·科斯提出了著名的科斯定理,提出了明晰的产权思路。如果交易费用为零,无论权利如何界定,都可以通过市场交易和自愿协商达到资源的最优配置;如果交易费用不为零,制度安排与选择是很重要的。这就是说,解决外部性问题可以用市场交易形式,即用自愿协商替代庇古税手段,通过产权界定和市场交易同样可以解决污染这一外部性问题。

二、排污权的分配方式

国外对于排污权分配方式的研究比较深入,主要包括免费分配、公开拍卖和标价出售三种方式。在上述三种分配方式中,许多研究者更倾向于采用拍卖方式。他们认为如果拍卖所得用来削减以前存在的税收扭曲,则拍卖方式的费用有效性要大于其他分配方式。同时拍卖可以增加成本分配的弹性,提高企业进行污染治理技术革新的积极性,减少关于租金分配的政治观点的差异。Catherine L. Kling 和 Jinhua Zhao 基于污染物的不同区域特性,对不同分配方式的长期效率进行了分析。Peter Cramton、Suzi Kerr 和其他一些研究者对拍卖方式和"祖父制"(即根据历史产量或排污量等因素进行无偿分配)两种主要分配方式的优缺点进行了比较。

三、排污权的存储和借用问题——时间弹性

理论研究认为如果不考虑排污中出现"时间热点"风险的话,一个完全费用有效的排污权交易系统应当具有完全的时间弹性,即排污权既可存储也可借用。除了费用有效性之外,Robert 提出允许存储和借用还有新的经济动机,即在集中排污量是随机变量的情况下,允许存储和借用的排污权交易机制可以为企业提供有效的排污削减激励,而不需要其他机制所必需的昂贵的政府强制行为。

四、区域间排污权分配和交易问题——空间弹性

1998 年,Tietenberg 通过研究认为为了保护环境不受区域性集中排污的危害,限制空间覆盖或者对跨地区的交易加以约束是很重要的(温室气体除外)。除了上述几部分内容外,对于排污权交易机制的研究还包括其他一些内容,如在制度中考虑居民行为权利的研究、监督机制的研究等。

五、排污权交易制度设计的研究

一项新制度的实施,首先考虑的是它的构成要素。排污权交易的污染治理效率在很大程度上取决于制度的构成要素。Stavins 认为,一个完整的排污权交易制度应包括以下八项要素,即总量控制目标、排污许可、分配机制、市场定义、市场运作、监督与实施、分配与政治性问题、与现行法律及制度的整合。Gunasekera 和 Cornwell 在为澳大利亚环境保护部门制定排污权交易制度时,认为应考虑以下因素,即产品定义(排污许可期限、排污因子、排放总量和污染物种类)、市场参与者(强制性参与者和自愿性参与者)、排污权分配(拍卖和免费分配)、运作管理(检查排污企业的许可证、监督排污情况及强制执行环境政策)、市场问题(交易机制和市场势力)等。

六、排污权交易下厂商行为的研究

Malik 和 Weber 等都对现实中厂商不达标行为给予关注,并且指出不达标行为使得社会治理成本难以最小化,且由于存在着有限资金预算和高监控成本,厂商完全达标是不可能的。研究还进一步表明,如果边际达标成本(这个成本指购买排污权来补偿增加的排污单位成本)比欺骗的边际罚金更高的话,厂商会采取欺骗的行为。Bohi 和 Burtraw 对政府管制政策的不确定性对于厂商行为的影响进行了研究。Tietenberg 等人也对市场控制力量进行了研究,认为垄断的排污权交易市场可能比命令控制手段更加缺乏效率。相关研究还进一步表明,如果边际达标成本(这个成本指购买排污权来补偿增加的排污单位成本)比欺骗行为的边际罚金更高的话,厂商会采取欺骗行为。

第二节　国内研究现状

国内关于排污权交易制度的研究与国外相比起步较晚,研究内容主要包括排污权分配、排污权交易等,还有一些文献对实施排污权交易的可行性和案例进行了分析。

一、排污权分配方式和定价问题的研究

关于排污权分配的问题,我国学者主要关注于免费分配方式。在 20 世纪 90 年代中期的文献中,排污权免费分配方法主要有两类,即等比例分配方法和优化分配方法。从 20 世纪 90 年代后期至今,学者们又提出了一些新的排污权免费分配方法,如基于公理体系的排污总量分配模型和群体重心模型。除免费分配之外,也有学者对定价出售和拍卖两种方式进行了研究。另外,除针对污染源之间的排污权分配外,控制区之间的分配也引起了研究者的关注。如王勤耕等提出了区域排污权的初始分配方法,该方法通过引入“平权函数”“平权排污量”保证初始权分配的现实性和公平性;李寿德、仇胜萍从各种环境因子的经济与非经济尺度,对排污权的定价难题予以了分析;李如忠等提出了定性与定量相结合,描述判断矩阵的多指标决策区域分配层次结构模型;黄桐城、武邦涛从污染的治理成本和治理收益两个角度,构造了排污权交易的市场定价模型,并利用凸规划的库恩－塔克条件,求得了污染控制地区的污染最佳削减方案和最优排污分配方案;施圣炜、黄桐城运用期权理论对排污权的初始分配进行了研究,并得出结论:利用期权机制进行排污权的初始分配,有利于交易的进行和交易活跃度的提高;支海宇将“排放效率”引入初始分配中;王乖虎等通过分析最终确定各因素在污染物排污总量分配中的权重,然后将该区域可参与分配的某种污染物的环境容量按该区域内可以容纳的企业总数进行算术平均,最后针对各个企业最终确定的权重进行加权平均计算,得出该企业的污染物排污总量分配额。目前,排污权分配方式尚存一定的缺陷,主要表现在行业系数确定的参考依据不够充分、不够科学。

张琪等第一次系统地提出了排污权定价机制的 4 个原则,即与治污成本挂钩原则、与地区环境质量挂钩原则、与产业政策和环境统计挂钩原则、与分类管理挂钩原则。林云华等在研究中得出单纯采用一种配置方式(无论是无偿还是有偿)都存在很大弊端,因此,要结合我国国情,把排污权的免费分配和有偿配置结合起来,并在实施过程中区分公益性主体和私人性主体,这样既能够满足不同主体对排污权的要求,又有利于排污权在二级市场的顺利交易。

国内学者虽然对相关难题进行了探讨,但由于初始排污权的分配和定价在计划模式下主要靠行政手段实施,在市场模式下的首次分配和定价在现阶段还未能有一个大家比较能接受的方案。

二、排污权交易方面的研究

陈文颖等对全球碳权交易情况进行了模拟,并分析了碳排放权交易对中国经济的影响及不同碳权分配机制对全球碳权交易收益的影响。肖江文等通过构建一个寡头垄断条件下的排污权交易博弈模型,分析了具有不同生产成本和治污成本的寡头企业在政府发放不同数量的许可证时的交易均衡,他们认为在特定情况下进行排污权交易可能会导致低产出

率和高价格的市场结果。李寿德等认为在某些极端的情形下,免费分配条件下的交易可能使得潜在的进入者成为产品市场的垄断者。王学山等构建了一个区域排污权交易模型,提出排污权交易地区交叉补贴的设想:将发达地区的排污权交易所得向欠发达地区转移,以解决欠发达地区产业结构调整乏力及对发达地区的二次污染和发达地区环境容量资源短缺问题。在不考虑交易成本的假设下,可以通过建立不同地区排污权交易模型确定排污权交易总量及其交易价格,以及交易所获净增纯收益等。

三、排污权交易中的企业行为

李芳研究了排污权交易条件下,有效控制厂商违规排污行为的机制问题;李寿德建立了排污权交易条件下厂商污染治理投资控制动态模型,并利用极大值原理和优化方法求出了厂商的最优污染治理投资策略。

另外,还有部分学者对我国排污权交易制度的总体设计方面进行了探讨。黄桐城应用排污权交易制度的最优时机决策模型对太原市实施二氧化硫排污权交易制度的最优时机决策问题进行了分析。安丽对排污权交易评价指标体系及其评价方法进行了探讨。

综上所述,国外对于排污权交易方面的研究已经比较具体和深入。其研究是问题导向的,即研究内容的当前热点和将来的发展方向都与排污权交易制度实施中的实际问题息息相关。我国对排污权交易制度的研究虽然取得了一定成果,但在深度和广度上都同国外同期研究有很大差距。在排污权分配方面,当前国外大多数理论研究认为拍卖方式相对来说更加高效和公平,同时已有排污权拍卖的实践,而我国学者过多地关注于免费分配方式的理论研究和实践,在定价出售和拍卖方面的研究明显不足。另外,关于排污权交易问题的探讨,还没有形成统一的范式。总体来说,目前研究大多停留在国外经验介绍和国内政策设计的层面上,在排污权交易制度设计中如价格机制、进入退出机制、激励机制和监督机制的设计等尚未形成系统全面的理论框架,交易空间范围只是局部性的,大多数案例都是城市一级的试点。导致上述现象发生的原因包括技术、制度和外部环境三个层面。

(一)在技术层面上

第一,排污权总量的确定。排污权交易作为总量控制的一种方法,其有效实施的一个关键就是合理确定可允许的排污总量。总量的确定既要考虑环境的承载能力,又要兼顾经济增长的需要,因此,确定一个合理的排污权总量目标相对比较困难。

第二,排污权指标的初始分配也给排污权交易的有效实施提出了挑战。分配排污权实际上就是分配经济效益权,对排污权采取公开拍卖、标价出售、免费分配还是特殊形式分配直接关系到交易的公平与否,因此也是一个技术上的难题。

第三,排污权监测和许可证的管理也是交易的另一个难题。由于监测设备及监测系统不够发达,短期内我国很多地区还难以实现连续在线监测,因此到目前为止,企业究竟排污了多少,拥有多少排污指标,这两个账户并没有完全建立起来,相应的配套机制也很难建立。

(二)在制度层面上

我国的监督管理机制还不健全,现有的管理制度如月报、年检、通报、企业自检等不能满足排污权交易对信息和监管的要求。已形成的初步的管理办法和管理体系有待于上升为法律法规并进一步细化使之具有可操作性。此外,我国排污权交易制度本身亦存在问题:一是排污权归国家所有,国家对排污准入管制不严格,排污许可证制度在实践中几乎转变成注册制度,排污权的初始分配权在一定程度上失效;二是交易权制度不够完善,仅局限于个别试点城市,未及时总结试点经验将排污权交易制度普及到各大中城市。

(三)在外部环境层面上

第一,法律不健全,立法滞后。制度需要法律的确认才具有合法性和权威性,尤其是一项对传统管理模式有所突破的新制度更需要法律指引方向并为之保驾护航。如果一项制度游离于法律之外,其实施可谓"名不正,言不顺",也不能期望它有显著的成效。结果是我国目前进行的排污权交易从审批到交易,都没有统一的标准,仅是凭各地的探索。

第二,排污权交易市场不规范。没有成熟的排污权交易市场机制,排污企业和环保监管部门之间的寻租行为——排污权交易市场不能有效运作,与真正的市场经济运作模式还有相当大的距离。

我国排污权交易制度问题的研究相当活跃,成果也相当丰富,为我们研究和探讨排污权交易制度提供了有价值的信息和参考的思路;但同时我们也发现,目前国内大多数研究成果仍停留于相关理论探讨、经验介绍层面,对于排污权交易制度在中国特殊市场环境下的具体操作与实施仍缺乏深入系统的应用层面的研究与探讨,没能对排污权交易的基础理论进行深入研究,有些成熟的理论如利益相关者理论,没能运用到排污权交易理论体系中来指导制度设计,关注排污权制度安排中政府职能定位的研究较少,多数研究和探讨仍处在一级交易市场的探索阶段。

本书拟在相关研究的基础上,根据中国国情,通过剖析排污权交易的目的和本质,找到问题的症结,重点探讨排污权交易体系的结构框架,在此基础上进行制度设计以保障排污权交易体系的顺利进行,从理论上对排污权交易体系进行探索和创新,丰富和扩展现有的相关研究,使之适应于我国国情,从而解决实践过程中出现的种种问题,为排污权交易发挥更大的作用提供理论支持和政策支撑。

第八章　排污权交易的理论基础

第一节　排污权与排污权交易

一、排污权

从经济学意义上来看,排污权是由产权的概念延伸而来的。产权不仅仅是指对财产的所有权,还包括对财产的使用权、用益权、决策权和让渡权,是财产主体通过财产客体而形成的人与人之间的经济权利关系。因为产权是一组权利束,所以产权除了排他性、可交易性等属性外,还具有可分解性。将产权的概念引入环境资源,可知环境容量资源的产权包括所有权和使用权。环境容量资源的所有权和使用权是可以分离的,而污染物的排放使用了环境资源,所以排污权是指排污单位对环境容量资源的使用权。

从法学意义上来看,排污权的法律属性可以被界定为行政许可性权利。排污权实际上是一种排污许可,在实际操作中,排污许可是环保部门根据排污者的申请,依法审查实际排污量后,准予其排放一定量的污染物。排污者在许可限度内排污是被允许的,这是法定权利;超许可排污是要遭受惩罚的,这是法律对其行为的一种约束。

可以看出经济学和法学意义上的排污权各有侧重。经济学意义上的排污权主要是从成本和收益的角度出发,通过排污权利的界定来更有效率地减少污染物排放。法学上的排污权,主要是从保障交易的合法性并减少交易成本的角度出发,通过一种国家强制力来界定污染物排放的权利。

综合所述,排污权可以界定为在一定区域的允许排污总量在环境容量决定的前提下,排污单位按照排污许可所取得的排污指标向环境排放污染物的权利。排污者所排放的污染物的量必须在行政许可范围内,这样该排污者的排污行为才是合法的,该排污者才有资格使用环境资源。

二、排污权交易

"排污权交易"是一项基于市场手段的环境经济政策。20世纪80年代,由酸雨引起的健康和环境问题越来越受到人们的普遍关注,二氧化硫作为酸雨的主要贡献者,给传统大气污染治理手段带来越来越大的压力。当人们认识到治理污染的高额费用必须反映在生产的成本中时,一个环境管理的革命性突破——排污权交易应运而生。多年来,排污权交易一直成为环保界和公众瞩目的热点。

沈满红给出了排污权交易相对严格的定义:排污权交易是初始排污权在排污单位之间的分配(政府主导的排污权一级交易)、排污权在排污单位及其他主体之间的再分配(市场主导的排污权二级交易)的总称。由此可以看出,排污权交易的实质就是把排污权作为一种商品进行买卖的一种交易方式,以满足对环境污染物排放的管理和控制,是一种以市场为基础的控制策略。

现实中排污权交易的实施,通常是在满足环境质量要求的条件下,通过建立合法的污染物排放权,并允许这种权利像商品一样被买入或被卖出,由此来达到污染物控制的目的。其一般做法为:首先由政府部门核定出特定区域的环境质量目标,并据此评价该区域的环境容量;以此为基础,推算区域污染物的最大允许排放量(即排放控制总量),并将其分割成若干排污许可指标(即为排污权);然后,按照特定分配方式将这些指标分配到区域内污染排放主体,并通过允许排污权以货币交换的形式在污染排放主体之间流通,在价格机制的引导作用下促进污染治理责任的重新分配,降低污染减排的社会治理成本。

在整个排污权交易的过程中重要的环节包括排放总量的控制、初始排污权的分配、排污权交易市场的构建等。环保部门通过颁发许可证的方式掌握一定区域的排污状况,有利于对排污行为进行限制,加强对排污者的监督管理。拥有合法许可证的排污主体,可以通过改进技术等方式减少污染物排放量,将节余的指标在排污权交易市场上交易。排污许可证的初始分配是排污权交易的基础,完善的市场机制是排污权交易的保障。

第二节 排污权交易的理论基础

排污交易的基础理论可追溯到对于外部性问题的研究,其经历了三个里程碑的理论:一是马歇尔的"外部经济"理论,二是庇古的"庇古税"理论,三是科斯的"科斯定理"。从经济学的观点看,促使负外部性内部化有两条基本途径:一是庇古主张的通过政府的干预来纠正市场失灵,对造成损害的一方征税,使污染的负外部性内部化;二是科斯定理所指出的,只要明确界定财产的所有权,并能够加以有效的保护,在市场完善的情况下,外部性问题所造成的效率损失可以由市场本身解决,即市场机制本身就可以纠正市场失灵。对于环境污染这种负外部性现象,只要明确污染这种"权利"的所有者,一个完善的市场就必然会使污染者与受害者之间产生以这种权利为对象的交易,最后的结果是,这种权利的价格等于它给社会带来的边际损害,即私人边际成本与社会边际成本相等。

因此,外部性理论、产权理论、交易费用理论、稀缺性理论构成了排污权交易的理论基础。

一、外部性理论

外部性的概念最早是由马歇尔在其所著《经济学原理》(1890年)一书中提出的。马歇尔将外部性定义为"任何产品的生产规模的扩大所产生的经济效应。"其划分为两类,第一类经济取决于产业的一般发展,第二类经济取决于从事工商业的单个企业的资源,它们的组织及它们管理的效率,前者称为外在经济,后者称为内在经济。外部不经济性是经济主体不愿意在环境保护方面投资的内在原因,或者说,包括资源开发利用活动在内的经济活动的外部不经济性,是造成环境污染和环境破坏的基本原因。

在西方经济学中,解释环境问题产生的基本理论是经济活动的外部性理论,简称外部性理论。经济学家萨缪尔森认为,"生产和消费过程中当有人被强加了非自愿的成本或利润时,外部性就会产生。更为精确地说,外部性是一个经济机构对他人福利施加的一种未在市场交易中反映出来的影响"。按照一般说法,外部性指的是私人收益与社会收益、私人成本与社会成本不一致的现象。外部性有正的外部性和负的外部性两个方面。正的外部性也称为外部经济,指一个经济主体对其他经济主体产生积极影响,无偿为他人带来利益。负的外部性也称为外部不经济,指给其他经济单位带来消极影响,使他人增加了成本。这种负的外部性可以表现为各种形式,如化工、钢铁、炼油等污染严重行业的企业,在生产过程中排放的污染物(废水、废气、废渣等)会给其他生产者与消费者造成不利影响,如果污染物的排放者没有对这些不利影响承担任何责任的话,这就是外部不经济现象。

二、产权理论

在解决环境外部性、使环境外部不经济性内部化问题上,有两种基本观点。管理学派主张直接管制方法,即由政府通过制定环境法律、环境标准和其他管理措施解决环境污染问题,庇古税属于这种直接管制方法。以科斯为代表的产权学派主张通过界定完善环境资源的产权制度使环境资源成为稀缺资源,进而利用市场机制实现环境资源配置最优。

产权理论认为,私有企业的产权人享有剩余利润占有权,产权人有较强的激励动机去不断提高企业的效益。所以在利润激励上,私有企业比传统的国有企业强。没有产权的社会是一个效率绝对低下、资源配置绝对无效的社会。他们认为,市场能够决定资源的最优使用;而要建立有效率的市场,充分发挥市场机制的作用,关键在于确立界定清晰可以执行而又可以市场转让的产权制度,如果产权界定不清或者得不到有利的保障,就会出现过度开发资源或浪费、破坏、污染资源的现象;如果资源权利明确又可以转让,资源所有者和利用者必然会详细评估资源的成本与价值,并有效分配资源,这样环境污染的外部性就可以得到矫正。这是排污权交易制度最重要的经济学理论依据。

三、交易费用理论

交易费用理论是整个现代产权理论大厦的基础。1937 年,著名经济学家罗纳德·科斯在《企业的性质》一文中首次提出交易费用理论。该理论认为,企业和市场是两种可以相互替代的资源配置机制,由于存在有限理性、机会主义、不确定性与小数目条件使得市场交易费用高昂,为节约交易费用,企业作为代替市场的新型交易形式应运而生。交易费用决定了企业的存在,企业采取不同的组织方式最终目的也是为了节约交易费用。

亚当·斯密表述过这样一个思想:当交易自愿发生时,交易行为会带来交易双方效用的增加,以及社会福利的改进。交易的过程就是一个取长补短、调节余缺和满足各种特殊需要的过程。通过交易,从事交易活动的人把资源配置到能产生最大效用的地方,这是交易所产生的资源配置效益。排污权交易制度正是发挥了交易的互惠双赢效用,使得进行排污权交易的双方都能发挥出自己的比较优势,治理成本低的企业承担较多的治理任务,治理成本高的企业通过交易以相对于本身治理较低的费用购买排污权,这种分工使治理任务在各企业之间再分配,实现交易各企业效用的最大化。

四、稀缺性理论

与排污权交易相关的另一个概念是稀缺资源的概念。根据马克思主义经济学理论,只有稀缺资源才具有交换价值,才能成为商品。当环境资源不具有稀缺性时,只有使用价值是没有交换价值的。环境资源的价值具有多元性,即环境资源可以满足人们多种不同的使用需求。排污权作为一种具有稀缺性的环境权,也就相应的具有了交换价值,使交易成为可能。

排污权交易的形成,其实质是环境容量的产权逐渐明晰的一个制度变迁过程,促使这一制度变迁发生且持续推进的根本动力,是环境容量稀缺程度的提高,只有稀缺资源才具有交换价值,才能成为商品。在环境容量相对充裕的状况下,对环境容量进行产权明晰的收益近似于零,而成本却很高。因此,人们没有动力去寻求环境容量的排他性消费。但随着人口增加、经济增长,环境容量的稀缺性大大提高,环境容量的相对价格上升,此时对环境容量产权明晰的收益迅速增加,进而促使人们寻求对环境容量实现排他性消费的途径。在这种情况下,环境容量使用的私人边际成本小于社会边际成本,环境容量稀缺性程度越高,这种私人边际成本与社会边际成本之间的差异就越大。这种差异导致资源被过多地配置到高污染部门,从而使污染更加严重,环境质量进一步下降,环境容量的稀缺性进一步提高。当环境容量的稀缺性提高到一定程度,对其建立排他性产权的收益就可能高于建立排他性产权规则所费的成本,从而推动环境容量产权的明晰。

第三节 排污权交易的运行原理

图 8 - 1 阐述了排污权交易运行的基本原理。

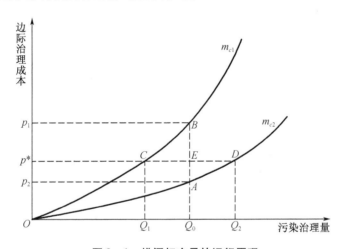

图 8 - 1 排污权交易的运行原理

假定区域内有两个污染排放企业。图 8 - 1 中纵轴代表企业进行污染治理的边际治理成本,横轴为污染治理量。m_{c1}、m_{c2} 分别为企业 1 和企业 2 的污染物边际治理成本曲线。假定在传统排污许可(或排放标准)管制下,为满足环境容量的需求,两个企业均要治理 Q_0 单位的污染物。此时,企业 1 的边际治理成本要大于企业 2 的边际治理成本,两个企业污染治理总成本为三角形 OQ_0A 与三角形 OQ_0B 的面积之和。但是,如果排污权被确立并赋予了流通性,在经济利益的驱动下,企业 1 可以提出以不高于 p_1 的价格向企业 2 换 $Q_0 - Q_1$ 单位的排污权,而对于企业 2 来说,只要 $Q_0 - Q_1$ 单位污染治理的边际成本不高于 p_1 则接受这笔交易是有利可图的。因此,在经济利益的驱使下,最终结果必然是排污主体在交易排污权的过程中,不断调整其污染治理水平,直到两企业的边际治理成本相同时交易才会被终止。此时,企业 2 的污染治理量为 Q,且 $Q_2 - Q_0 = Q_0 - Q_1$;污染治理总成本为三角形 OQ_1C 与三角形 QQ_2D 的面积之和,在该过程中两个企业均从交易过程中获得了收益,其中,企业 1 缓解了治理成本过高的压力,而企业 2 充分利用其污染治理技术的优势并得到了经济补偿。

同时,通过交易两个企业污染治理总成本也有节约,节约总额为三角形 *CEB* 与形状 *ADE* 的面积之和。所以,利用排污权交易,政府管理机构即使缺乏排污主体污染治理成本等信息,也可以通过企业间自发的市场交易行为,用尽量少的社会减排成本来实现环境治理的目标。

通过以上分析,不难发现排污权交易有以下特点。

一、排污权交易实现了环境容量资源的商品化过程

排污权交易的主体(污染企业)向周边环境排放污染物,本质而言是对环境资源的占用行为,而环境的纳污能力(环境容量)是一种有限的环境资源。排污权交易是一种基于市场的环境政策,价格机制在其中发挥核心推动作用,促使各方在追求自身经济利益的同时,将环境外部性问题内部化。在市场机制的引导作用下,排污主体通过排污权交易,使环境容量资源具有了商品的一般价值,实现对环境容量这一稀缺资源在排污主体间的重新配置。

二、排污许可制度是排污权交易法制化的内在体现

排污许可证是排污权的具体表现形式,即国家环境管理部门依据相关法律、法规及相关规定,向排污主体颁发的使其获得排放一定量污染物的行政许可。在许可量范围内排污是排污者具有的法定权利;而超过许可就要受到惩罚,这是法律对其产生的约束。

三、排污权交易是基于污染物总量控制的一种减排措施

为了实现对环境质量目标的有效控制,排污权发放总量需要存在限额,即不能超过区域环境对污染物的可承载能力(最大允许排放量)。在排污总量控制的系统中,允许排污权在各污染源间进行重新分配,可以有助于污染控制较容易的企业较多地进行污染的治理,而对那些污染控制较困难的企业也可以有一个逐渐改进的过程,又不会突破总的污染量,这样更能促进污染的治理从而加速整个区域达标的进程。所以,排污权交易实质上就是基于污染物总量控制的一种减排措施,依靠市场机制引导作用来实现对环境标准的有效控制。

四、排污权交易可以使污染治理成本最小化

在一定地区的排放污染物总量没有变化的前提下,通过排污权的交易,边际治理成本高的企业将买进排污权,而边际治理成本低的企业则卖出排污权,使全社会总的污染治理成本最小化。同时,生产者可通过排污权价格的变化,对自己生产的产品成本和价格作出及时的判断,使各经济主体的利益达到最大化。政府通过赋予排污权可流通性,解决了制定固定排污标准所耗费的信息采集、核对等方面的成本,通过市场操作来调控排污权供给的数量和价格,以此来确保区域的环境质量功能,使环境质量进一步改善。

第四节　排污权交易的属性

从以上分析可知,排污权交易是一种以市场为基础的经济政策和经济刺激手段,买卖双方基于排污权交易合同而形成一种法律上的债权关系。债权人即排污权的卖方由于超量减排而剩余排污权,出售剩余排污权获得的经济回报实质上是市场对有利于环境的外部经济性的补偿;债务人即无法按照政府规定减排或因减排代价过高而不愿减排的企业购买其必须减排的排污权,其支出的费用实质上是为其外部不经济性而付出的代价。环境容量资源被产权界定后生成的排污权实质上已经具备了多重复杂属性,即排污权既是一种公共物品,又是一种行政许可,同时也是一种商品。

一、从经济学意义上

排污权具有公共物品的性质。排污权是以权利人对环境容量的使用和收益为权利内容,即作为其权利客体的是环境容量资源。因此,排污权仅仅是对环境容量资源部分私有化而形成的,其中附有一些不具竞争性与独占性的生态保护功能与社会公共权益,具有公共物品的性质。排污权交易系统中必然涉及众多主体,如企业、公众、政府等之间的权利冲突问题,即一方面要考虑到排污主体获得该权利的公平性问题,同时,也要保障除排污主体以外的其他利益相关主体的利益。由于环境容量资源栖息的客体如河流、大气具有流动性,因此,在构建排污权交易体系时还要注意环境容量的地区差异性及跨区域利益或权益协调问题。

二、从法律意义上

排污权是一种行政许可。排污权在具体表现形式上是行政机关依法核准企业排污行为的公权力凭证。政府将有限排放许可授予污染者,使其对环境资源具有部分法律上的控制力。然而,由于政府负有达成区域环境目标的持续性法定义务,这种控制力仍受制于政府保留的公共权力,如流域限批、强制减排等。

三、从排污权交易,排污权具有商品的一般属性

当排污权被赋予可流通性后,排污权具有了商品的一般属性。它与传统意义的商品相比,具有高度的内在不确定性与不可完全预知性。其使用价值建立在环境资源的稀缺性、效用性与可控制性之上,与产品市场、原材料市场、替代品市场及政策导向等息息相关。

综上所述,排污权的多重属性将众多社会、经济、环境等主体或要素紧密联系在一起,使得排污权交易系统具有复杂性的特征。排污权交易系统的开放性决定其与更为复杂的社会经济系统及生态环境存在非线性交互机制。

第五节　排污权交易的复杂性

在现代经济发展中,生产力得以不断提高,人类对环境资源的利用程度不断加大,使环境的稀缺性逐渐显现出来。环境的稀缺性很自然反映到排污权的稀缺性上,因为排污权的数量是根据环境容量来确定的,环境容量的有限性导致了排污权数量的有限性,众多经济体需要排污权,那么在供求过程中便形成了排污权的价格,使排污权成为了一种名副其实的商品,既然是商品,就有了交易的动机与必要性。我国现阶段已经具备了进行排污权交易的条件,理论方面,我国已经在法律上确认了排污权总量控制制度和排污许可证制度,并且曾与发达国家进行过多次相关方面的讨论合作,打下了良好的理论基础,为排污权交易制度在我国的实行铺平了道路。

排污权交易制度在我国二十多年的探索与实施过程中提供了比较丰富的实践经验,并通过实践对其认识也不断深化。然而,目前我国的排污权交易依然存在很多困难,施行起来比西方发达国家复杂得多。

我国未来的产业发展政策是逐渐改变粗放型增长方式,向集约型增长方式过渡,实现资源的高效利用,达到经济发展与环境相协调、可持续发展的目标,为此,国家下大力度调整产业布局,逐步减少高污染企业的建设,推广环保企业的新建,在这过程中排污权已经融合到企业的日常生产过程中,使排污权交易制度顺利地得到了普及,为进一步实行该项制度奠定了坚实基础。近些年来,我国各个地方也逐步建立了环境研究机构,对环境数据进行监测,也已经积累了一些精确数据,这为日后环境总量的计算提供了很大便利。可以说我国运行排污权交易制度的前提条件已经具备,在未来经济发展过程中,排污权交易制度将在我国发挥重要作用。

然而,我国的排污权交易制度在市场经济条件、监管体系与监测系统、信用体系及法律配套设施等实施环境上和美国等西方发达国家相比依然存在明显差异。尤其是我国刚刚完成从计划经济向市场经济的转型过渡,还存在着经济基础尚且薄弱、法律法规也不健全、环境监管资源与能力匮乏等一系列问题,并在一定程度上制约了排污权交易的实施。同时,尽管经历了艰难变革与社会经济快速转型期,排污权交易作为一个新的制度安排,其中还存在着制度变迁中的路径依赖问题,如行政理性依然普遍强于理论认知,决策过程比较随意,以及其他主体认知偏差。

尽管国外在排污权交易实践方面已经产生了不少成功经验,但是就目前来看,国外成功机制设计是根植于特定国情背景"土壤"之中的,在具体实践中不同国家或地区对产权界定、初始分配机制与市场交易机制等政策创设具有明显差异,并不存在一套公认的行之有效的参考体系。这就加深了从国外复制成功经验的困难与复杂性:一方面,难以将各种机制设计从特定国情中分离出来;另一方面,随着排污权交易实践的不断深入,国外也在不断对其进行调整或完善。因此,单纯仿效国外成功经验并不能实现向新型环境管制体制的顺利转型。

在设计、实施排污权交易过程中,已经表现出一定的复杂特征,如自然生态过程的不确定性导致环境容量难于确定、监测技术不足致使无法准确监控、方案制订所需信息不完全等。移植与构建排污权交易体系面临的困难与复杂性主要来源于排污权交易系统的本身结构与运行机制的复杂性。普遍意义上的排污权交易市场,由两个具有明显层次关系的市场组成,即一级分配市场与二级交易市场。在一级分配市场中政府占主导地位,主要完成排污权的初次配置,分配公平性是排污交易能否有效运行的重要基础和前提;二次交易市场实质上是利用市场机制的作用实现排污权的优化配置。排污权交易系统功能发挥需要两个市场的密切协作。所以,排污权交易系统的复杂性主要体现在多主体行为造成的复杂性、系统层次性造成的复杂性、系统开放性造成的复杂性。

第六节　本 章 小 结

排污权是指在一定区域的允许排污总量在环境容量决定的前提下,排污单位按照排污许可所取得的排污指标向环境排放污染物的权利。排污权交易就是把排污权作为一种商品进行买卖的一种交易方式,以满足对环境污染物排放的管理和控制,是一种以市场为基础的控制策略。其理论基础为产权理论、交易费用理论、外部性理论以及公共产品理论等。

排污权交易的本质体现了环境容量资源的商品化,通过交易在市场机制的引导作用下,实现对环境容量这一稀缺资源在污染排放主体间的重新配置;实现了排污许可制度的市场化,是基于污染物总量控制的一种减排措施,其首要目的不是减少污染排放量,而是使减少特定污染排放量的社会减排成本最小化,能够有效降低政府部分管理成本。

排污权既是一种行政许可,又是一种商品,同时附有公共物品的性质。在其行使过程中,必须追求"权利享有"的平等性原则,即一方面要考虑排污主体获得该权利的公平性问题,同时也要保障除排污主体以外的其他利益相关主体的利益。由于环境容量资源具有流动性,在构建排污权交易体系时还要注意环境容量的地区差异性及跨区域利益或权益协调问题。排污权的多重属性将众多社会、经济、环境等主体或要素紧密联系在一起,使排污权交易系统具有复杂性的特征,因此,在设计、实施或评价排污权交易时,必须将所涉及主体利益作为逻辑起点。

从系统科学的角度来看,排污权交易的构建是一个系统工程。在设计、实施排污权交易过程中,已经表现出一定的复杂特征,主要体现在多主体行为造成的复杂性、系统层次性造成的复杂性、系统开放性造成的复杂性。

第九章　排污权交易体系的框架结构

本部分依据排污权交易的基础理论,从排污总量、排污权分配、交易系统和交易市场监督等几方面构建排污权交易体系的结构框架,并对这几部分的相互关系进行阐释。其中排污总量的确定主要包括最优排污量法、环境容量法、排污总量消减法等;初始排污权的分配主要采用公开拍卖、固定价格出售、免费发放;排污权交易系统的构建主要涉及交易市场、交易原则、交易方式及信息平台等内容;对排污权交易的监督重点依靠市场监管、排污监测、公众监督。

第一节　排污权交易的总体框架

从对排污权交易理论的分析可以看到,排污权交易政策最重要的贡献是在环境纳污量定量化的基础上明确各污染单位的排污权,使得排污权得以成为商品。按照市场规则研究模拟建立排污权交易的市场框架,对于培育排污权交易市场、研究排污权交易规律是非常必要的。排污权交易不仅涉及环境法规和标准、环境承载能力(环境容量)、污染防治及技术的诸多因素,还涉及经济、管理、环境评价和环境监测等多项技术理论和实践。

污染物排污权交易体系包括排污权分配系统、排污权交易系统、排污监测系统和排污权交易调控系统。污染物排污权交易体系结构框架如图 9 – 1 所示。

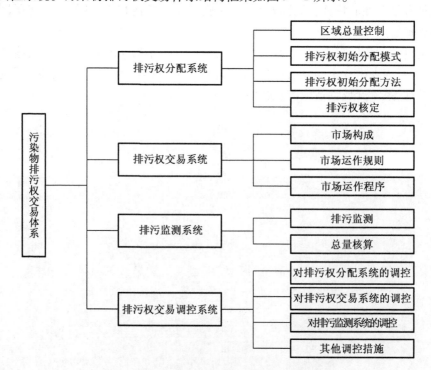

图 9 – 1　污染物排污权交易体系结构框架

第二节 排污权分配系统

排污权的初始分配是排污权交易技术方法的关键,也是难点之一。许可分配系统包括区域总量控制、排污权许可初始分配模式、排污权许可初始分配方法和排污权核定。

一、区域总量控制

区域总量控制是将管理的地域或空间(例如行政区、流域、环境功能区等)作为一个整体,根据要实现的环境质量目标,确定该地域或空间一定时间内可容纳的污染物总量,采取措施使得所有污染源排入这一地域或空间内的污染物总量不超过可容纳的污染物总量,保证实现环境质量目标。目前区域总量控制的模式主要包括容量总量控制和目标总量控制。

(一)容量总量控制

从可持续发展的角度看,污染的控制水平应该与环境质量直接联系,总量控制的数量限制应该以环境容量为基准。也就是说,应该从一定的环境质量标准出发,根据一定区域内环境功能定位确定该区域允许的纳污量,并以此纳污量作为允许的排污总量。把以环境的自净能力为依据制定的环境容量作为污染物排放控制的总量,可以使环境质量不会随经济的发展而恶化。

环境容量是指区域自然环境或环境要素(水体、空气、土壤和生物等)对污染物的容许承受量或负荷量。环境容量的概念首先是由日本学者提出来的。20世纪60年代末,日本为改善水和大气环境质量状况,提出污染排放总量控制问题。欧美国家的学者较少使用环境容量这一术语,而是用同化容量、最大容许纳污量和水体容许排污水平等概念。

容量总量控制是根据当地由地理条件等所决定的环境容量来确定污染物排放总量控制指标的一种总量控制方法,即主要根据环境容量确定总量控制指标。容量总量控制从区域污染物浓度角度看是科学的,但是从更广泛的意义上看,也不尽科学。例如,二氧化硫总量控制,不但要考虑本区域二氧化硫浓度,还要考虑酸沉降,后者对生态环境的影响是很大的。另外,容量总量控制的理论目前还不是很成熟,环境容量的计算是一项复杂而繁重的工作,实际操作起来由于受到经济、社会和自然因素等多方面的影响,获得准确的环境容量有相当的难度。

(二)目标总量控制

目标总量控制是指环保行政主管部门依据历史统计资料、环保目标要求及技术、经济水平来确定各地区污染物排放总量控制指标的一种方法,即主要是根据环境目标来确定总量控制指标。实际操作中,总量控制需要将总量控制指标分解为每年的控制指标,一般为年度总量削减指标,因此实际应用中两者的区别只是年度削减指标的高低。当前中国的总量控制基本上是"目标总量控制",重点是"五年计划""年度计划"的排放总量指标或削减指标。实践中目标总量的确定应该遵循两个原则:一是目标应小于该地当前的排放总量;二是目标不能背离区域经济发展状况。

在具体执行过程中,由于条件所限,排放总量常是由环保部门根据减排目标、结合历史数据来确定(此方法即"目标总量法"),这就造成排放总量同环境政策目标的质量标准缺乏直接联系。所以,按"目标总量法"实施总量控制应视为条件不成熟时的过渡策略,政府应明确导向、启动资源、加强应用"容量总量法"确定排污总量的研究;但另一方面也应认识到,目前以"目标总量法"确定的排污总量并非没有意义,因为依此实施排污权的分配和交易,仍有助于建立一个提高环境容量资源配置效率的竞争和激励机制。

二、排污权初始分配模式

排污权初始分配是构建排污权交易制度的基础。通常而言,排污权的初始分配往往采取免费发放、公开拍卖和固定价格出售三种方式。

(一)免费发放

在这种方式下,由控制区域的环境管理部门按照一定的公开标准将区域内的某种污染物排放总量指标免费发放给企业。采用免费发放的方式,实际上是给企业一笔财产,需要时可在市场上交易,而不影响企业现实的经济效益。

免费发放方式有两种分配规则:一是依据历史产量或排污水平进行分配,即环境管理部门在总量控制指标下,根据现存企业某一历史年份的产量或排污量直接进行分配;另一种方式是依据现实的产量水平或排污量来分配,也就是说,环境管理部门按照总量指标和预计的产量水平,计算单位产量的允许排污数量作为标准的参考指标,然后计算出某个确定的年份中各企业的配额数量。

如何确保免费发放的公平性一直是一个亟待解决的问题,它无形中给权力寻租行为留下了空间。同时,决策失误也极有可能导致不当分配,尽失公平与效率。况且在向市场经济过渡的阶段,排污权对企业生存发展的意义就更为显著。若无偿获得这种权利,会造成环境资源利用不公、企业竞争地位不平等。

(二)公开拍卖

在公开拍卖方式中,通常由政府充当拍卖人,将不同污染物按种类确定一个底价进行竞拍。某种污染物的区域拍卖总量按照区域环境容量,或者按边际成本和边际收益原则进行确定。在拍卖这种分配方式中,排污权流向出价最高的排污企业。与免费分配方式相比,公开拍卖会在一定程度上增加企业成本,企业不仅要承担购买排污权所需的费用,还要承担获取有关信息费用及影响生产的风险。但是,这种分配模式具有更高的分配效率,还可以产生一个明确的市场价格,从而为排污权市场参与者提供一个可参考的价格信号。最后,公开拍卖方式可以使新兴企业在进入市场时不存在获取排污权的特殊障碍。

(三)固定价格出售

固定价格出售是由政府按照一定的比例,结合企业规模、行业特征和国家产业政策等因素在区域内所有企业间进行公平分配,排污权价格由政府、企业和居民代表协商解决。该方式有利于环境污染外部性的内部化,可纠正市场价格扭曲,扩大财政收入用于环保事业。固定价格出售的关键就是确定相对合理的排污交易的初始价格,不同地区、不同行业可有不同初始价格,这就需要政府了解足够的信息以确定合理标价,增加了大量的管理成本,且难以保证公平公正。所以固定价格出售方式目前还难以有效推行。

三、排污权初始分配方法

排污权初始分配方法是指将已确定的区域排污权按照一定的规则分解给区域内的各个排污单位。其常用的方法有等比例分配法、平方比例分配法、优化分配法和系数分配法等。

四、排污权核定

排污权核定是指对排污者或相关组织所取得的排污权予以认可的一种形式,是对其污染物排污权限的具体描述。依据我国的环境保护法律法规,结合现行的环境保护管理制度,应当以污染物排放许可证的形式来确认排污者的污染物排污权,规定排污者排放污染物的种类和数量。

根据目前排污许可证的实施情况,考虑到满足污染物排污权交易的需要,作为对排污权的确认,污染物排放许可证必须包括排放口情况、排放污染物的种类、允许排放量、监控措施、报告制度及相关的法律责任。污染物排放许可分配系统的构成及它们之间的关系如图9-2所示。

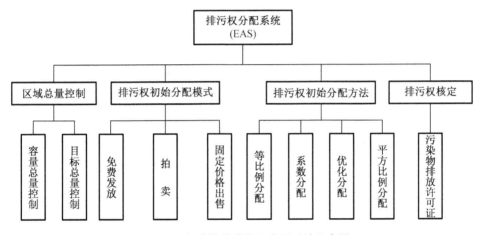

图9-2 污染物排放许可分配系统示意图

第三节 排污权交易系统

排污权分配到污染源后,要进行排污权交易,达到优化环境资源配置、控制污染物的排放总量、降低污染治理总体费用的目的,就必须建立起排污权交易系统。交易系统的主要内容包括排污权交易市场的组成要素、排污权交易市场运作规则。

一、排污权交易市场的组成要素

排污权交易市场主要由市场主体、市场客体和市场中介机构组成。

(一)市场主体

所谓市场主体,即在市场经济体制下进入市场从事经营活动,从而享受权利、承担义务的社会组织。市场主体具体包括各类企业、个体经营者及其他从事经营活动的社会组织。排污权交易市场的主体是指有资格进行排污权买卖的个人和各种组织,排污交易主体应为一般主体、自然人、法人或合伙均可。也就是说,只要有人付钱,就可以在排污权交易市场上向排污者购买排污权,所以在排污权交易中,无论是作为主要排污者的各类企业,还是政府、各类企业组织(主要是一些环保组织)乃至个人等非排污者,都可以成为其交易的主体,这是排污权交易的一个重要特点。

市场主体是排污权交易市场运作的动力源泉,正是通过各种市场主体的不断买入与卖出,才使得环境资源得以优化配置。排污者是这个市场中最经常、最大量的需求者和供给者;政府则不仅具有组织和管理的职能,而且可以直接进入市场,参与市场活动。

(二)市场客体

市场客体是指市场主体在市场活动中的交易对象,这些交易对象在市场交换活动中体现着一定的经济关系,是各种经济利益关系的物质承担者。排污权交易市场的客体是污染物排放权。环境资源是一种特殊的生产要素,污染物排放权则包含着使用价值和价值两个因素,而要满足交易的要求,这种标的物就必须是同质的、无差异的,因此,这里强调的是通过合法途径取得污染物排放指标。

污染物排放权的交易不是无条件进行的,除了参与交易的排污权必须通过合法途径取得以外,对排污权供给方(出让方)而言,所提供交易的必须是"富余"的污染物排放指标。所谓"富余"的污染物排放权指标,是指排污者在其污染物排放权限之内未曾使用的排污指标。"富余"的污染物排放权指标具有以下性质:不属现行环保法规所要求的必须承担的污染物削减量;不属区域总量控制所要求的必须承担的污染物削减量;是污染物允许排放量范围内的削减量;是污染物允许排放量与实际排放量的差值。

(三)市场中介机构

市场中介机构主要包括认证机构、仲裁机构、评估机构、交易所等。在规范的排污权交易市场中,中介机构的作用不可缺少。排污权交易市场在理论上的假设,是要有一个正规的排污减少信用市场,具有稳定的价格和频繁的交易,而且要求参与交易的各方有充足的市场信息。但从美国等西方发达国家的实际来看,排污权交易市场在运作的过程中,不但信息不充分、交易不频繁,而且存在着逐案谈判的问题。因此在实际的排污权交易中客观存在着各种交易成本。交易成本如果不能有效地节省,就会抵消企业参与交易可能获得的节约污染治理成本的利益,使交易变得无利可图,排污权交易市场也就不可能顺利发展。解决这一问题的途径是建立交易市场中介机构。

二、排污权交易市场运作规则

(一)排污权交易的范围

由于污染物排放的特殊性,可以进行交易的只是某一区域的特定污染物排放权,因而,污染物排放权交易的市场范围也有区域的限制,参与交易的市场主体主要是该区域内的各类排污者、不同的组织和个人。为满足环境质量控制目标的要求,排污权交易市场的范围可以按行政区域进行划分,甚至可以跨行政区域设立。

(二)排污权交易的类型

排污权交易有多种类型:按交易主体分为点源之间、点源和非点源之间及排污者与非排污者之间的交易等;按交易范围分为在同一控制区域内和在不同控制区域间的交易;按交易客体分为单一污染物的交易、多种污染物的交易和多种污染物相互之间的交易等;按交易期限分为现货交易、期货交易等。在排污权交易市场中,大量出现的是同一控制区域内、单一污染物、点源与点源之间的现货交易。排污权许可转让系统框图如图9-3所示。

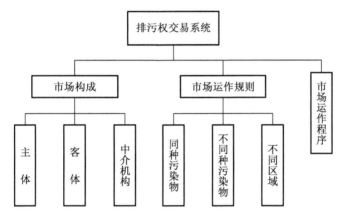

图9-3 排污权许可转让系统框图

第四节 排污监测系统

排污监测系统涉及污染物排污监测、排污总量的审核等。污染物排污监测是排污总量审核的基础,是对排污权使用情况进行监督管理的必要措施。这对于评估污染源是否有偷排的情况、买卖双方的污染源是否遵循了交易的要求、排放是否符合许可证的规定至关重要。同时,监测也可以反映出交易项目是否成功,是否达到了预期的环境目标。因此,在项目交易之初,就应建立一个完整的环境监测体系,保证监测工作为交易提供可靠的数据并保持数据的一致性。从总量管理、总量分配的需要和技术发展的状况来看,采用连续在线自动监测、计算机数据处理的自动在线监测方法是实施总量控制的最佳选择,是污染物排污总量监测技术发展的必然趋势。考虑到国内技术发展水平和企业经济状况及排污情况,应逐步推行此办法。

实时监测前应制订统一的监测方案。监测方案由环境保护行政主管部门环境监测站牵头,排污单位及其主管部门专业人员参加制订,共同遵守。排污总量审核是排污权交易的前提和基础。排污总量审核包括排污单位正常运行情况和非正常运行情况下的污染排污的全过程,也包括事故性排污的全过程。排污总量的审核主要依据以下原则:监测数据是排污总量审核的主要依据;按监测结果计算的排污量应与物料衡算的结果相当;污染源排污总量的最终审核结果,以市、县环境保护行政主管部门环境监测站出具的为准,如有争议,提请上一级环境保护行政主管部门环境监测站仲裁。

排污总量审核以排污单位的自审和环境保护行政主管部门的监测站审核相结合,以实地审核和报表审核两种方式进行。排污总量审核的内容有月排污染物日数,年排污染物日数;日排污染物量,月排污染物量,年排污染物量;日排污染物平均浓度;各排污口年、月、日污染物排放量。

排污单位以日(或监测日)为单位收集有关排污和生产资料,进行排污量自测结果的计算和审核。在目前的经济技术条件下,为了提高总量检测的准确度,环保行政主管部门监测站进行监督性监测时采用优化频次法采样监测。排污单位作为日常的排污管理,应增加监测频次,逐步向连续自动监测过渡。

第五节　排污权交易调控系统

排污权是一项特殊的商品,如果完全由市场进行配置,可能会对环境、经济和社会产生危害。即使在市场经济非常发达的美国,排污权交易也是在政府严格的监管下进行的。对于市场经济正处在转轨时期的中国,更应该在排污权交易设计时就制定较为完善的调控措施,以规范市场行为,达到预期环境目标。因此,排污权交易调控系统应对排污权交易全过程进行监督、调控和管理。

第六节　本 章 小 结

排污权交易体系包括排污权分配系统、排污权交易系统、排污检查系统和排污权交易调控系统。每个子系统是相对独立的,但又相互统一、彼此关联。

总量控制主要有容量总量控制和目标总量控制两个模式,从环境经济学的角度来看,排污总量采用容量总量控制是很科学的,但环境容量的计算是一项复杂而繁重的工作,实际操作起来由于受到经济、社会和自然因素等多方面的影响,获得准确的环境容量有相当的难度。一般实践中主要采用目标总量控制模式。

排污权的初始分配往往采取免费发放、公开拍卖和固定价格出售三种方式。分配方法较多,常用的方法有等比例分配法、平方比例分配法、优化分配法和系数分配法等。

排污权交易市场主要由市场主体、市场客体和市场中介机构组成。在排污权交易中,大量出现的是同一控制区域内、单一污染物、点源与点源之间的现货交易。

排污监测系统是排污总量审核的基础,是对排污权使用情况进行监督管理的必要措施,在项目交易之初,就应建立一个完整的环境监测体系,保证监测工作为交易提供可靠的数据并保持数据的一致性。排污权交易调控系统应设计对排污权交易全过程进行监督、调控和管理。

第十章 排污权交易中厂商行为及其效应

排污权交易是通过界定企业的排污权,以约束企业的排污数量和行为,进而对企业相关的生产经营决策产生影响。企业是市场经济运行的主体,它既是物质产品的生产者,也是大部分污染物的制造者,环境污染问题与企业的生产经营有着密切的联系。企业作为排污权交易的主体,其行为选择决定了排污权交易的实施效果。本部分将着重分析企业在排污权交易制度下的典型行为,并对行为的影响因素及其产生的经济效应进行探讨。

第一节 排污权交易中的厂商行为

一、排污权交易中的行为主体

排污权交易中涉及众多主体,如排污企业、政府、公众等,都是具有高度智能性、自主性、目的性与自适应性的异质主体。其中,排污企业作为排污权交易制度发挥作用的核心主体,具有多种环境行为选择。由于市场信息不完全、有限理性等原因,排污主体不可能知道其他所有主体的状态和行为,进而无法对市场做出精确判断。每个主体只可能从主体集合的一个较小子集中或从历史交易中获取信息,做出相应决策,并从利益最大化出发,遵循一定的行为规则,能够根据市场环境的变化接受信息,调整自身的生产、污染削减、市场交易等运营状态和行为,且有能力根据已知历史信息和各种市场信息调整规则以适应环境的变化。此外,排污权交易中的供求双方都是具有人格化的主体,在总量控制与供求下,他们在经济利益基础上既存在矛盾又存在统一,蕴含着复杂的社会和经济关系。各个独立决策主体之间存在相互依存、相互冲突等复杂的交互关系,并通过交易、竞争、合作等适应性和交互行为形成了动态关联的网络结构。其认知与行为决策过程本身就是一个通过与其他主体及环境之间的交互过程,又通过学习、模仿、尝试等手段进而改变自身行为以适应环境变化的适应性过程。

由于主体活动的多样性与自适应性,因此难以完全排除主体行为的偶然性和无序性,一方面,使得排污权交易系统呈现出极大的随机性、模糊性和不稳定性,另一方面,又表现出一定的秩序性、确定性和规律性。

二、排污权交易中厂商典型行为

排污权的可交易性使得企业在排污权交易制度下的行为选择比传统管制手段下更具多样性、自主性。其具体表现在如下几方面。

(一)污染治理与排污权交易行为的选择

从理论上讲,当企业获得了环境资源的产权,在市场机制的资源配置作用下,企业在排放污染时具有节约环境资源的动机,即在利润最大化行为的导向下,在交易排污权和污染治理之间做出对自己有利的选择。当治理成本高于排污权市场价格时企业会少治理一些污染,而通过从交易市场中购买定量的排污权以履行剩余的污染削减责任。反之,当治理成本低于排污权市场价格时,企业则更倾向于通过加大污染治理力度节约排污权使用量,而将富余排污权在交易市场中以不低于其污染治理成本的价格出售给其他企业。可见,这与排放标准、排污许可制度等传统管制下的环境行为具有重要区别。每个企业都必须自行治理污染以达到总量控制目标下所设定的污染排放标准,那些治理成本高的排污主体将承受巨大的治污压力,而治理成本低的企业却由于过量治理无法得到经济补偿或收益,进而也没有动力去过量承担治理责任。当然,在排污权交易中,企业是否选择交易排污权,还要受到二级市场的影响,如果企业在搜寻交易方、价格谈判等方面的交易费用过高时,同样可能会有放弃交易排污权的行为动机,而选择其他的污染治理或排放途径,如违规排放、深度治理。

(二)治理行为与生产经营调节行为的选择

虽然排污权交易是针对污染排放而制定的环境经济政策,但是,由于污染本身是伴随着生产经营活动而产生的,因此,排污权交易管制同样会对企业生产经营过程产生影响,且这种影响比传统命令－控制管制有更深入彻底的影响。也就是说,企业会将排污权的市场价值纳入经营决策的目标函数中。一方面,如果企业产品生产带来的单位污染的边际收益比排污权市场价格要高,则在利润最大化行为的导向下,企业会继续扩大生产规模,使得边际收益趋向于排污权市场价格,而增加产量所带来的污染排放量可以从市场中购买排污权抵消;另一方面,如果企业单位污染的边际收益低于排污权市场价格时,说明企业将降低部分产量而节约下来的排污权投放到交易市场中可获得更高的经济回报。由此可见,排污权的市场化同样使得企业在生产经营决策方面有了一定的自主权,而排污权市场价格成为衡量企业生产经营决策的有效指标。企业在排污权交易中可能还存在扭曲性激励行为,即可以通过不断购买排污权而占据市场势力,并使排污权发挥行业进入障碍的功能。

(三)排污权分配中的策略性行为

排污权交易是多期的动态行为,在特定分配机制下,如果企业当期行为能够影响未来排污权分配量,则其还会有采取策略性行为的动机。即它会将未来排污权的购置成本纳入决策目标函数中,通过改变生产计划控制这些指标的产生以实现多期利润最大化。这种行为是排污标准等传统命令－控制手段下企业所不具有的。总之,排污权交易实质上是利用市场的价格机制作用来引导企业在满足总量控制目标的前提下,做出适当的行为选择。排污权的可交易性赋予了企业污染治理决策的充分自由,使其在排污权交易中表现出比传统命令－控制手段下更加丰富、多样性的行为。总而言之,企业的行为决策是在对行为进行成本－收益分析的基础上进行的。事实上,排污权被市场化、商品化后就已经成为企业生产中需考虑的要素之一,与其劳动力、资本等要素一起在利益最大化下进行优化配置。

第二节　交易成本与厂商排污权市场进入

一、排污权交易中的交易成本

(一)排污权交易中交易成本的界定

排污权能否顺利交易,关键取决于实施排污权交易成本的高低。一般意义上讲,排污权的交易过程也是交易成本的形成过程,交易成本的形成是伴随排污权交易行为而出现的。因此,若要厘清排污权交易中的成本,首先需要明晰排污权的交易过程。排污权的交易过程可分为狭义的交易过程和广义交易过程。狭义的交易过程是指在一定的背景或局限条件下,由交易双方借助于交易媒介,按照双方约定的规则,在约定的时间内把排污权从交易的一方转移到另一方。它是通过市场的价格机制来发生作用的,是事中的交易过程,可以描述为交易双方相互寻找对方,进行沟通、交流与谈判,起草契约,登记并转移物品入册。广义的交易过程除了狭义的交易过程外,还包括交易的事前准备过程和事后执行监督过程。交易的事前准备过程指潜在交易者在事前确定双方交易动机、交易目的、交易条件等;事后则对达成的交易进行监督与控制,或强制执行立法,并对违约违法行为进行诉讼。鉴于排污权交易过程较普通商品复杂,没有现成的方法供买卖双方识别对方,结果是买卖双方通常花费大量的费用给咨询人员以寻求排污权方面的帮助。

目前,国外学者对排污权交易中的交易成本已有一定的研究。Cheung 认为排污权交易中的交易成本是那些阻碍排污权交易市场有效运行的因素,或者是那些阻碍排污权交易市场形成的因素。Bohi、Duke 等人将排污权交易中的交易成本定义为搜索成本、谈判成本、审定成本、管制和市场风险、监测成本、实施成本、保险成本、信用折现、区域限制等。

笔者从广义的排污权交易角度,比较赞成顾孟迪、李寿德对交易成本的界定,即协商谈判和履行协议所需的各种资源的费用,包括明晰产权所花的成本、制定谈判策略所需信息的成本、谈判所花的时间及防止谈判各方欺骗行为的成本。

(二)排污权交易中交易成本的分类

根据研究的需要,本书将排污权交易中的交易成本分为两类,即制度内生成本和交易活动成本。制度内生成本是指排污权交易制度框架运行需花费的成本,在交易发生前就可以度量;交易活动成本是指在制度框架内从事交易活动所花费的成本,主要涉及交易中的资产专用性和机会主义行为等。制度内生成本与交易活动成本两者间此消彼长,即排污权产权越清晰,排污权市场交易体系越完善,交易活动成本就越低,反之则高。

1.制度内生成本

制度内生成本主要包括建立和维护产权以形成市场基础的费用,如产权界定成本、规则体系维护成本等。其具体如下。

(1)排污权产权归属界定的成本费用。将清洁空气的产权(或者排放污染物的权利)界定给某人,使得排放污染物的权利由非竞争性和非排他性转化为具有竞争性和排他性的产品,这是排污权交易制度实施的前提。

(2)制定并完善交易规则所花费的成本费用。科学合理的排污权交易市场体系的建立、交易规则的完善是排污权交易顺利进行的前提。

（3）排污总量确定和排污权份额细化所花费的成本。最大容许排污量的高低决定了排污权的多少。最大容许排污量制定得过高，不仅会恶化环境还会造成排污权价值的降低，企业将无心购买排污权；若制定得过低，将会造成排污权价格太高，企业无力购买。这两种情况无论出现哪一种都将造成排污权交易的失败。

（4）监测企业实际排污量的成本费用。排污权被量化为一种有价资源，科学合理地监测企业是否按照其所取得的排污权进行污染物的排放就显得至关重要了。如果对企业超量排放和偷排行为不能进行有效控制，那么排污权交易市场也就失去了存在的意义。

在上述制度内生成本中，最为核心的是排污权的产权界定所产生的成本。只有产权清晰，排污权才有可能成为事实上的商品，才有可能通过私人协议，在市场上进行自由交易。

2. 交易活动成本

排污权交易是在大量具有不同边际成本和边际收益的污染源厂商之间进行的交易行为，他们通过相互交易排污权的方式达到环境资源有效配置的目的。在制度框架内从事具体交易活动的成本如下。

（1）基础信息寻求的直接费用。交易者需要知道谁有或谁需要排污减少信用、排放水平、控制费用、排污减少信用的供给与需求关系等。这些是交易者所必须具有的走向市场的基础信息。如果搜寻信息的成本过高，将会妨碍排污权交易市场的有效运行，降低市场的运行效率。

（2）讨价与决策费用。根据已掌握的基本信息，还需与交易各方讨价还价，协商一个各方均可接受的市场价格，以便作出决策。

（3）执行费用。这部分费用主要是企业采取超量排放和偷排行为的费用，如果超量排放和偷排行为严重，企业将会失去参加排污权交易的意愿。

二、理论假说的提出

排污权交易的有效性需要一个理论前提：要有一个正规的排污减少信用市场，并有稳定的价格和频繁的交易，参与交易的各方有充足的市场信息。但从美国等西方发达国家及我国部分省市的实践来看，排污权交易市场在运作的过程中，不但信息不充分、交易不频繁，而且存在着逐案谈判的问题。这样即使在排污权产权明晰的条件下，由于交易信息成本、搜寻成本、交易洽谈（议价与决策）成本、监督与执行成本的存在，也会阻碍交易的产生，甚至直接导致排污权交易体系失效。

（一）交易成本对排污权交易的影响

理性的厂商追逐利润的最大化，当排污权交易中存在交易成本时，厂商间的边际治理成本与交易成本的比较会一定程度上影响市场交易量。如果边际交易成本不为零，则边际治理成本与排污权的完全竞争市场价格就不直接相等，这样就有可能形成一个新的成本效率均衡点。具体的厂商的排污权均衡点及收益介绍如下。

假设存在交易成本，厂商的边际治理成本会偏离均衡价格，无法达到有效均衡。排污权交易的新均衡是排污权的均衡价格等于边际治理成本与边际交易成本之和。

1. 交易成本下排污权市场的均衡条件

买方均衡边际治理成本 = 排污权价格 + 边际交易成本

卖方均衡边际治理成本 = 排污权价格 - 边际交易成本

2. 交易成本下的交易条件

买方交易条件边际治理成本 ≥ 排污权价格 + 边际交易成本

卖方交易条件边际治理成本 ≤ 排污权价格 - 边际交易成本

3. 交易成本下的交易价值

买方交易价值 = 边际治理成本 - 排污权价格 - 交易成本

卖方交易价值 = 排污权价格 - 边际治理成本 - 交易成本

当厂商间的边际治理成本差别小于交易成本时,排污权的买卖双方的交易价值均下降,甚至交易无利可图,导致双方交易意愿减弱,市场交易数量减少。另外,交易费用对交易双方的影响是不同的,费用将主要由污染控制费用高的一方承受,不论其是排污减少信用的出让者还是购买者。这是因为控制的边际费用高,交易费用对交易数量的压抑,使得其污染控制总费用相应提高,因而其对污染控制量极为敏感。

总之,交易费用是影响排污权交易市场活跃程度的最敏感的变量。如果交易费用过大、程序过复杂、时间过长,就会影响交易效率,就可能形成新的成本效率均衡点,降低排污权交易的市场成交量,压抑排污权交易的供给与需求,进而减弱厂商排污权交易市场进入的激励。

(二)影响交易成本的关键变量

影响排污权交易中交易成本的关键变量是资产专用性、不确定性和交易频率。

1. 资产专用性

资产专用性是指某项资产能够被重新配置于其他替代用途或是被他人使用而不损失其生产价值的程度。资产专用性的强弱会影响搜索成本、谈判成本、市场风险、保险成本、信用折现等。资产专用性越强,相关交易成本越高。决定排污权属于通用资产还是专用资产的主要因素包括以下几方面。

(1)参加交易的厂商数量。当排污权交易市场很大时,交易厂商及许可证数量都很多,许可证的流动障碍会很小。排污权在转让给其他厂商后,其作用也不会有改变,因此不会损失价值。从这一点来讲这种资产具有通用性。但如果这个交易市场很小,排污权的流动障碍就会变得很大,这项资产也很难被其他行业的厂商利用。因此,如果市场不具规模时资产的专用性会变强。参加交易的厂商数量由当地的经济发展水平及工业结构决定。

(2)排污权的细化程度。排污许可证的细化程度通常由污染物的化学特性决定,但是,对同质性污染物进行过于详细的许可证划分会强化资产的专用性。

(3)排污权使用的时间、空间限制程度。使用时间、空间限制同样影响排污权的资产专用性,但这种影响可以通过排污权交易制度的设计进行控制。

综上所述,参加交易的厂商数量越少,排污权的细化程度越高,排污权使用的时间、空间限制程度越高,交易成本就越高。

2. 不确定性

按照 Koopmans 和威廉姆森的研究,不确定性包括由不可预测因素引起的初级不确定性,由沟通不足引起的次级不确定性和由于策略性隐瞒造成的行为不确定性。不管是哪一种不确定性,对于厂商来说,都可以通过掌握更多相关信息解决。但问题是,受搜索成本、谈判成本、审定成本、实施成本、市场风险、保险成本等的影响,厂商往往难以准确得到违规行为核算概率、市场上是否有可以购买或出售排污权、排污权交易成本、其他厂商的治污成本及单位排污权的购买(或出售)价格等相关交易信用等,这导致排污权交易具有较强的不确定性。排污权还存在另一个不确定性就是政府政策的不确定性,目前排污权的产权属性是由相关政府部门规定的,还没有一个普适性的国家层面的法律法规,致使厂商难以把握未来排污权的发展趋势。同样严格的管理要求也会造成不确定性的增加,从而大大减少交易的潜在收益。因此,交易的不确定性越高,排污权的交易成本就越高。

3.交易频率

交易频率是交易发生的次数。交易频率的高低会影响搜索成本、谈判成本、市场风险、保险成本等。交易频率越低,其导致的相关交易成本越高。如果交易双方经常进行交易,双方就会想办法建立一个治理结构,降低交易成本;但若交易很少发生,就不容易建立这样的治理结构,交易的成本就要高得多。当排污权交易市场很大时厂商不会出于对未来"保险"的需要而持有多余的许可证,这时排污权交易属于高频率的交易。而在小规模的市场中交易通常是不会发生的,另外在空间上调整排污权的配给同样会在一些市场上遭受更高的成本。因此,交易市场越小,频率越低,交易成本就越高。

下面将采用博弈论的方法,首先讨论在无交易成本下厂商的排污权交易市场进入行为,然后再讨论存在交易成本条件下厂商的进入行为,通过对两种情形的比较,来论证前面的观点。

三、无交易成本条件下的市场进入

(一)模型假设

将时间设定为两个时期,即初始时期和第二时期。在初始时期,让所有企业的非限制排污量(在不存在管制的情况下,企业所排放的排污量)都相等,即都等于 u_o。在第二时期,每个企业的非限制排污量等于 u_i,u_i 可以大于、等于或小于 u_o,但其期望值为 u_o。同时,每个企业可以以一个连续的边际处理成本 C_i 来减少排污量。每个企业各自的 u_i 和 C_i 只有自己知道,且它们的分布函数是可知的。

现在假设 $u \in [\underline{u}, \overline{u}]$,它的分布函数为 $F(u)$,密度函数为 $f(u)$,均值为 u_o,并独立同分布。相似的,假设 $c \in [\underline{c}, \overline{c}]$,分布函数为 $G(c)$,密度函数为 $g(c)$,也是独立同分布。在初始时期,环境管制者强制性地指定比例 $a < 1$ 的企业为受到影响的企业。在这里,就不进一步解释为什么一些企业被强制性受到影响,也不讨论选择这些企业的标准是什么。为了便于说明,后面的说明中,以 A 代表受到影响的企业,以 NA 表示未受影响的企业,OP 表示未受影响企业中选择加入的企业。以 $C_A(q)$ 表示每个受影响企业减排数量为 q 的排污量所需要耗费的总的处理成本,$B(q)$ 表示当每个加入的企业减少排放量 q 的时候社会因此得到的收益,$C_{OP}(q)$ 表示每个选择加入的未受影响企业减排量为 q 时总处理成本,$C_{AOP}(q)$ 表示所有加入的未受影响企业减排量均为 q 时的总处理成本。出于一般性考虑,$B'(q) > 0$,$B''(q) < 0, C'(q) > 0, C''(q) > 0$,而且当 q 足够大的时候,$B'(q) < C'(q)$。

(二)模型分析

环境管制者会给这些受影响企业设定一个目标减排量 $\overline{q}$,即每个受影响企业减少排放

量 $\bar{q}$。在第二时期,因为提供了替代供给机制,原来未受到初始时期指定限制条件影响的企业会根据自己的非限制排污量 u、边际处理成本 c 及市场出清价格 p 决定是否加入,加入后环境管制者就要给这些决定加入的未受影响的企业分配排污权 a_{op}。则目标函数为

$$\operatorname{Max} W = B(q) - C_A(q_A) - C_{NA}(q_{NA}) \tag{10-1}$$

其中

$$q = q_A + q_{NA}$$

如果是在完全信息下,通过对目标函数的求解,可以得到最优平衡点 (p^*, q^*),此时,$\bar{q} = q^*$,即最优减排量。因为环境管制者无法得到各个企业的非限制排污量,u_o 的分配就不可避免地会出现"过量排污权"——EA,则实际减排量将为 $\bar{q} - EA$。最优化设计的目标函数如下

$$\operatorname{Max} W = B(\bar{q} - EA) - C_A(\bar{q} - EA - q_{OA}) - C_{OP} \tag{10-2}$$

未受影响的企业如果选择加入,必须至少满足两个条件中的一个,其边际处理成本 c 小于市场出清价格 p^*,且排污交易获利 $\pi = p^* a_{op} - c(u) \geqslant 0$;分配的排污权大于其非限制排污量 u,因此,即使不付出任何努力,都可以因为过量排污量而获利。虽然环境管制者对于个体的非限制排污量 u 以及边际处理成本 c 是非完全信息,但选择加入的未受影响的企业为图 10-1 中的 $A_1 A_2 A_3$ 域内的企业,且可以通过图 10-1 得到以下结论

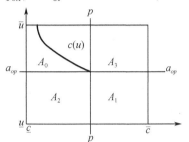

图 10-1 选择加入的未受影响企业的分布

$$c(u) = p a_{op} / u$$

$$q_{op} = q_{op}(a_{op}, p(\bar{q}, a_{op})) = (1-a) \int_{A_2} \int_{A_3} u \, dF dG \tag{10-3}$$

$$C_{OP} = C_{OP}(a_{OP}, p(\bar{q}, a_{op})) = (1-a) \int_{A_2} \int_{A_3} c u \, dF dG \tag{10-4}$$

$$EA = EA(a_{OP}, p(\bar{q}, a_{op})) = (1-a) \int_{A_1 A_2} \int_{A_3} (a_{op} - u) \, dF dG \tag{10-5}$$

对于目标函数 $(10-2)$,分别对 $\bar{q}$ 以及 a_{op} 求导。最后得出当 $a_{op} = \bar{u}$ 的时候,可以使得社会总效益达到最大值。此时,$EA = (1-a)(u-u_0)$,为达到最优减排量 q^*,环境管制者对受影响企业的初始目标减排量 $\bar{q}$ 的设置为 $q^* + EA$。

四、交易成本条件下的市场进入

当存在交易成本时,假设交易成本由买方支付。因为选择加入的未受影响的企业一定是作为卖方而存在的。这一条件的假定,使得未受影响的企业在决定是否加入时要满足的条件仍然如前面所提到的两个条件中的一个,并不受交易成本的影响。即使存在交易成本,式 $(10-3)$、式 $(10-4)$、式 $(10-5)$ 仍然有效。同时设定存在总的交易成本函数 $T(q, a_{OP})$,T 对 q、a_{OP} 的偏导分别为 $T_1', T_2' > 0$,每购买一单位的排污权的边际交易成本为 t。因此,目标函数变为

$$\begin{aligned}
\operatorname{Max} W &= B(q) - C_A(q_A) - C_{op}(q_{op}) - T(q, a_{op}) \\
&= B(\bar{q} - EA) - C_A(\bar{q} - EA - q_{op}) - C_{op} - T(\bar{q} - EA, a_{op}) \tag{10-6}
\end{aligned}$$

将其分别对 $\bar{q}$ 和 a_{op} 求导,则有

$$\frac{\partial W}{\partial \bar{q}} = B'(\,\cdot\,)*1 - C_A{}'(\,\cdot\,)*1 - T'(\,\cdot\,)*1 = 0 \qquad (10-7)$$

$$\frac{\partial W}{\partial a_{op}} = -B'(\,\cdot\,)\frac{\partial EA}{\partial a_{op}} + C_A'(\,\cdot\,)\frac{\partial EA}{\partial a_{op}} + C_A{}'(\,\cdot\,)\frac{\partial q_{op}}{\partial a_{op}} - \frac{\partial C_{op}}{\partial a_{op}} + T_1'\frac{\partial EA}{\partial a_{op}} - T_2' = 0$$

$$(10-8)$$

最优条件(10-7)表明,对于每一单位的边际收益等于边际成本。最优条件(10-8)表示在某一平衡点,即在某一临界点由于选择加入的未受影响企业所带来的边际收益等于边际成本,其中式(10-8)中的前两项以及第五项表示由于过量排污权而导致的边际收益等于边际成本,第三、四项以及第六项表示因引入了低处理成本的未受影响企业而带来的边际收益等于因分配排污权给选择进入的未受影响企业而导致增加发生在交易成本上的边际损耗。当达到平衡时,因为受影响企业包括了所有的买方以及部分卖方,所以,$p < C_A' < p+t$,设定 $t' < t$,使得 $C_A' = p+t'$,那么式(10-8)即等同于

$$\frac{\partial W}{\partial a_{OP}} = (1-a)\left\{\int_{A_2}\int_{A_3}[(p+t')-c]udFdG\right\} = T_2' > 0 \qquad (10-9)$$

因 $p+t'>c$,而且在给定的 p 值下,随着 a_{op} 的增加,A_2+A_3 也随之增加,一直到 $a_{op}=\bar{u}$ 时,式(10-9)左边的值即因引入了低处理成本的未受影响企业而带来的边际收益等于零,要想满足式(10-9),则在此之前一定有某一个 $a_{op}^* < \bar{u}$,使得因引入了低处理成本的未受影响企业而带来的边际收益等于因分配排污权给选择进入的未受影响企业而导致增加发生在交易成本上的边际损耗。因此,在存在交易成本的条件下,对选择加入的未受影响企业分配的排污权的值低于 Montero 所得到的结论(其结论为 $a_{op}=\bar{u}$),这是因为交易成本的存在抵消了部分因引入低处理成本的未受影响企业所带来的收益。

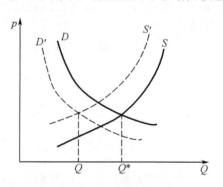

图10-2　排污权交易的均衡

除此之外,通过图10-2可见,因为交易成本的存在,使得排污权市场的交易量减少。如果没有交易成本,在一个给定的 p 值下,当 $c \leqslant p$ 时,企业会选择处理污物并出售排污权;而当 $c > p$ 时,会选择购买排污权。存在交易成本时,当 $c \leqslant p$ 时企业仍然会选择处理污物,并出售排污权;但是只有大于 $p+t$ 的受影响的企业会选择购买排污权,而 $p < c \leqslant p+t$ 的企业会选择自行处理污物。显然,交易成本的存在使得原来的需求曲线向左平移。事实上,因为交易成本阻碍了交易,供给曲线也会在一定程度上向左平移,最终使得市场上的总的交易量 Q 低于原来的交易量 Q^*。

五、主要结论

如果环境管制者拥有两个调节工具——对受影响企业限制的减排量 q(通过分配排污权 a_A 来确定)及分配给选择加入的未受影响企业的排污权 a_{op},即使环境管制者对于个体的非限制排污量及边际处理成本是非完全信息的条件下,仍然可以得到最优的设计。在现实中,交易成本在市场上是普遍存在的。通过以上的分析得到,因为交易成本的存在使得分阶段引入的排污权最优设计的结论中分配给选择加入的未受影响企业的排污权 $a_{op} < \bar{u}$。而

且,因为交易成本的存在使得一部分企业($p < c \leqslant p + t$)由最初的选择市场购买转为自行处理解决。这样,使得总的社会边际处理成本提高,而且减少了排污权市场总的交易量,并使得社会总收益因为在交易成本上的损耗以及部分低处理成本的未受影响企业未能加入而降低。

为了更为接近理想化的社会总收益,排污权市场建设者应该致力于减少边际交易成本。根据前面分析,高交易成本产生的原因可以归纳为不确定性(风险因素)、有限理性(信息因素)、市场势力(垄断因素)及政府管制等。在排污权交易制度的建立和运行过程中,可以通过提供充分的市场信息、限制垄断、减少政府管制等方法来降低交易成本,促进市场的发展。

第三节 二级市场厂商间的讨价还价行为

在完全竞争的排污权交易市场中,排污权的市场出清价格等于边际治污成本,因此可能不存在关于效率问题的争论。但是随着实践的深入,排污权交易可能严重依赖于行业的市场结构,完全竞争市场的情况在寡头垄断市场中不能适用。本节主要利用古诺博弈模型分析二级市场中寡头垄断下,排污权交易价格的实现及其效率。

一、模型基本假设

假设 1 假定在一市场上有排放相同污染物的两个企业(企业 1 和企业 2)生产同质产品,设两个企业的生产都无固定成本,且每增加一个单位产量的边际成本相等,即 $C_1 = C_2 = C$,产品产量分别为 q_1 和 q_2,则市场总产量为 $Q = q_1 + q_2$,市场出清价格为 $a - q_1 - q_2$。

假设 2 生产过程中污染物的排放量与产品产量成正比例关系,设比例关系分别为 α_1 和 α_2,排污超标企业的排污系数要明显高于低污企业的排污系数。

假设 3 同时考虑两个企业现有的治污能力,企业 1 污染物处理量为 d_1,总排污量 $a_1 q_1 - d_1$;企业 2 的污染物处理量为 d_2,总排污量 $a_2 q_2 - d_2$。另外,假设治污成本与处理污染物量线性相关,系数分别为 β_1 和 β_2。

假设 4 为了降低污染水平,政府采用限定排污总量控制政策,并在两个寡头企业之间分配该指标,规定企业 1 最大允许的排污许可数量(即初始排污权)为 e_1,乙企业最大允许排污许可数量为 e_2,$e_1 + e_2 = e$(总的排污限额),则企业产量超出 $\dfrac{e_i}{a_i}$($i = 1,2$)时,必须进行污染削减或向别的企业购买排污权;如果我们考虑两企业在总的排污指标为 e 的条件下进行许可证交易,对甲企业来说,许可证变化的数量正好为乙企业排污许可证变化量的相反数,即 $\Delta e_1 = -\Delta e_2$。

二、排污权的简单交易

在上述假设基础上,两企业的收益是各自的利润,分别设为 u_1 和 u_2,它们通过讨价还价博弈来决定许可证交易的数量和各自的产出。容易看出两博弈方都有无限多种许可证交易策略,但我们能找到和证实该博弈的唯一的纳什均衡解。此时,假设各企业最终通过交易拥有的排污权数量为 e_1^* 和 e_2^*,则 $e_i^* = e_i + \Delta e_i$($\Delta e_i > 0$,对应 i 企业为超污企业,需购买排污许可证或削减污染；$\Delta e_i < 0$，对应 i 企业有多余排污指标可供出售，$i = 1,2$），则策略（e_1^*，e_2^*）是本博弈的纳什均衡。

若企业考虑在市场上进行排污许可证交易的收入，则会在提高产量或卖出多余的许可证两者间权衡。此时，假设企业 1 和企业 2 的初始排污权分别为 e_1 和 e_2，假定排污权交易中单位排污许可的价格为 x。为讨论方便，假定企业 1 为排污超标企业，其所需要的污染排放量的指标恰好可以从企业 2 处购得，即 $a_1 q_1 - e_1 = e_2 - a_2 q_2$。则企业 1 购买许可证的支出等于企业 2 出售排污权的收入。

由以上的基本假定可以得出，在排污权交易条件下，企业 1 和企业 2 的收益分别为

$$Y_1 = (a - q_1 - q_2) \cdot q_1 - c q_1 - x \cdot a_1 q_1 - e_1)$$
$$Y_2 = (a - q_1 - q_2) \cdot q_2 - c q_2 + x \cdot (e_2 - a_1 q_1) \tag{10 - 10}$$

在此博弈中，两企业所面临的问题是选择各自的产品产量以考虑自己的利润最大化。通过对 y_1 和 y_2 分别对 q_1 和 q_2 求一阶导数可以得到

$$\frac{\partial y_1}{\partial q_1} = a - 2 q_1 - c - x \cdot a_1$$
$$\frac{\partial y_2}{\partial q_2} = a - 2 q_2 - c - x \cdot a_2 \tag{10 - 11}$$

继续对式（10 - 11）中的 q_1 和 q_2 求二阶导数和二阶偏导数有

$$\frac{\partial^2 y^1}{\partial q_1^2} = -2 < 0, \frac{\partial^2 y_1}{\partial q_1 q^2} = -1 < 0, \frac{\partial^2 y_2}{\partial q_2^2} = -2 < 0, \frac{\partial^2 y_2}{\partial q_1 q^2} = -1 < 0$$

可以解出 $\frac{\partial q_1}{\partial q_2} = \frac{\partial q_2}{\partial q_1} = -\frac{1}{2} < 0$。说明对于两企业来说，其中一个企业的最优产量随着另一个企业最优产量的增加而递减。

由式（10 - 11）的分析结果可知，随着产品产量的增加，产品的单价将越来越低，产量增加给企业所带来的边际收益递减；还可看出，对于超污企业和低污企业来说，产量所带来的边际收益与其排污系数 a 呈负相关关系。因此，两企业只有不断降低排污系数，才有可能使增加产品产量所带来的边际收益递增；同时，要保证排污权交易的成功，必须采取一种定价策略，使得两企业都认为有利可图，共同遵守交易规则。

三、基于收益最优的定价策略

在假设 1 中，市场总产量为 $Q = q_1 + q_2$；两企业的收益 y_1 和 y_2 均可看作 Q 和 x 的函数。于是，将 y_1 和 y_2 分别对 Q 求一阶导数，有

$$\frac{\partial y_1}{\partial Q} = -q_1 + (a - Q) - c - a_1 \cdot x = 0$$
$$\frac{\partial y_2}{\partial Q} = -q_2 + (a - Q) - c - a_2 \cdot x = 0 \tag{10 - 12}$$

由式（10 - 12）和假设 2 的 $q_1 = \frac{Q_1}{\alpha_1}$、$q_2 = \frac{Q_2}{\alpha_2}$，可得出 $Q = a - c - a_i x - \frac{Q_i}{\alpha_i}, (i = 1, 2)$。要使两企业交易成功并且两企业的收益同时达到最优，需满足 y_1 和 y_2 最大的 Q 应该相等。则求出使得两企业达成一致时，排污权的最优定价策略为

$$x = \frac{\dfrac{Q_2}{a_2} - \dfrac{Q_1}{a_1}}{a_1 - a_2}$$

第四节 厂商市场势力及排污权交易效率

在完全竞争性的排污权市场中,环境资源的价格是灵敏的,能完全反映资源的稀缺性。每个参加排污权交易的企业对于价格都有完全的信息,对于环境资源现在和未来的供求状况有充分的了解,排污权的价格随着供求状况的变化随时进行调整,排污权交易的实现都以均衡价格为条件。然而,在寡头垄断的排污权交易市场中,企业可能通过自己的买卖行为左右排污许可证的价格,市场配置环境资源的功能得不到最大的发挥。

一、排污权交易中的市场势力

目前,我国各省市在设计排污权交易规则时,并未特别关注市场势力可能对排污权交易带来的效率破坏,甚至有些交易规则不是削弱而是在加强可能出现的市场势力。从国外的交易实践来看,市场势力确实存在。那么,市场势力会造成什么样的后果呢?是否会威胁到排污权交易目标的实现? 本书认为,排污权交易中的市场势力可以分为以下两类。

第一类市场势力,是指某种积极进取的污染源试图通过操纵市场价格减少其在排污信用或许可上的花费。为了使自己的污染控制成本与购买许可证的净支出之和达到最小,具有市场支配力的企业可以通过限制市场上出售的排污许可证数量来抬高许可证的市场价格,达到增加交易总收入的目的;或者采用减少排污许可证购买数量的方式来降低许可证的市场价格,从而减少自己购买许可证的总支出。

第二类市场势力,也称为排他性操纵,是指某个污染源或污染源集团,除了将排污权交易作为减少支出和最大化自己的利益之手段之外,还试图以许可或信用市场上的势力杠杆,获取产品市场上的势力。掠夺性污染源通过削弱其竞争对手的影响,试图增加占领市场的份额,或者通过抬高许可证的价格增加竞争对手在同一行业内的经营成本。对于潜在的竞争者而言,高的排污许可证价格会降低该行业的吸引力、增加进入壁垒。该类市场势力并不仅局限于许可市场,而是通过许可市场把其影响渗入到产品市场。

针对目前排污权二级市场中出现的主要问题,下面主要讨论第一类市场势力问题,即在寡头垄断市场条件下,定价企业试图通过控制信用或许可价格,减少自己治理污染的负担。

二、模型基本假设

假设1 排污权交易市场存在 N 个排污权交易厂商,而这 N 个排污厂商可划分为两种类型:一种可以称为"价格接受者",它们只能接受排污权交易市场给定的价格,"价格接受者"企业在排污权市场中占多数;另一种可称作为"价格决定者",或者是"排污权垄断者",这部分企业有足够的市场支配力,通过买卖排污权数量,影响排污权交易市场价格,"价格决定者"企业在排污交易市场占少数,甚至是寡头数量。

假设2 在排污权交易市场中有一家或几家企业有能力控制排污权价格,称之为"价格决定者"，而市场其他参与排污权交易企业都是"价格接受者"，每个"价格接受者"企业不存在违规操作、偷排等行为且参与排污权交易的企业数量足够大。

假设3 实施排污权交易是可行的，即政府部门积极引入排污权交易市场，且区域内的企业可在二级市场上自由买卖排污权。

下文使用的符号含义如下：

$i = 1, 2, \cdots, N$——排污权交易市场有 N 个参与排污权交易的企业，且 N 有足够大。

E_i——排污企业 i 在某类污染物的实际排放量。

R_i——排污企业 i 对某类污染物的削减量。

e_i——排污企业 i 获得的初始排污许可数量，即初始分配额。

$E_i - e_i$——该类污染物的实际排放量与初始分配之间的差额。如果 $E_i - e_i > 0$，表明企业 i 获得的初始分配额不足以抵消自身的排放量，需要采取削减污染物的行动，或者从排污交易市场购买一定量的配额，以满足其超额排放；如果 $E_i - e_i = 0$，表示企业 i 获得的初始分配额正好等于其在该类污染物的排放量，企业不需要采取削减行动；如果 $E_i - e_i < 0$，表明企业 i 获得的初始分配额大于其自身的污染排放量，排放额有绝对的剩余，可以在排污交易市场出售其剩余的配额。

E^*——该类污染物在这一区域或国家的排放上限，称之为环境容量，其中有 $\sum\limits_{i=1}^{N} e_i \leqslant E^*$，即分配给 N 个企业的配额数量总和不大于环境容量 E^*。

假定4 每个排污企业具有不同的污染削减成本函数 $C_i(R_i)$（关于成本变量与污染排放削减之间的曲线关系），其中 $C_i(R_i)$ 严格递增、严凸的，即有 $C_i'(R_i) > 0, C_i''(R_i) > 0,$ $C(0) = 0, C''(0) = 0$。污染削减成本函数的假定表明了削减成本随着污染削减量不断递增而递增（$C_i'(R_i) > 0$），且边际污染削减成本也随着污染削减量的递增而增加（$C_i''(R_i) > 0$）。而在削减量为零时，污染削减成本与边际污染削减成本都为零（$C(0) = 0, C''(0) = 0$）。

三、完全竞争的排污权交易

先讨论不存在市场势力企业参与的排污权交易市场。基于上述假定可知，完全竞争的排污权交易市场下，所有排污企业都是"价格接受者"。企业 i 的排污权的净需求为 $(E_i - R_i) - e_i$，当 $(E_i - R_i) - e_i < 0$ 时，企业 i 会选择减少污染排放，同时选择在排污权交易市场出售剩余的排污权；反之亦然。在完全竞争的排污权市场中，竞争厂商会选择一个合理的污染削减水平，使得它的总成本最小化，即污染削减成本加上（减去）购买排污权的成本（利润）最小化，如下式

$$\mathrm{Min}\, C_i(R_i) + P[(E_i - R_i) - e_i] \qquad (10-13)$$

在这里 P 为完全竞争市场下的排污交易的均衡价格，可以得出其一阶条件及约束条件为

$$\begin{cases} p = C_i{}'(R_i) \\ \sum\limits_{i=1}^{N} (E_i - R_i) - e_i = 0 \end{cases} \qquad (10-14)$$

$\sum\limits_{i=1}^{N} (E_i - R_i) - e_i = 0$ 表示排污企业购买或出售的排污权数量相等。

式(10-14)表明了在完全竞争的排污权市场下,排污权交易价格等于边际削减成本,且排污权价格只由环境容量与污染削减成本函数所决定,与排污权初始分配无关。

四、具有市场支配力的排污权交易

在这一部分,首先假定市场势力是存在的,即垄断企业可以通过买卖排污权的数量来影响排污权的交易价格,从而使得排污权价格朝着对垄断企业有利的方向变化,致使垄断企业的成本最小化。假定排污权交易市场有 m 个排污价格接受者($i = 1, \cdots, f, \cdots, m$),这 m 个企业之间都是完全竞争的,同时 1 个具有市场势力的寡头垄断企业,有能力影响排污权的市场交易价格。在排污总量确定的条件下,对于每个"理性"的排污企业来说,都会通过各种手段最小化自身的总成本,从而进一步对排污权交易价格产生一定的影响。因此,在均衡条件下,不管初始排污权分配数量的多少,每一个"价格接受者"企业都会出售或购买配额,以最小化自身的执行费用。因此,对完全竞争厂商 f 来说,有这样的一阶条件

$$P = C_f'(R_f) \tag{10-15}$$

式(10-15)的经济含义为 m 个"价格接受者"企业的污染削减水平为该企业的边际污染削减成本等于排污权交易价格时的削减量。对于垄断企业,它根据"价格接受者"企业的污染减少做出有效反应,并决定自身的减排量,垄断企业会购买或出售一定数量的排污权配额以使自身的成本最小化,此时垄断企业的成本最小化的约束条件为排污权价格与减排量的函数,且排污权交易市场处于出清状态,其数学表达式为

$$\begin{cases} \underset{R_c}{\text{Min}} C_c(R_c) + T_c(R_c) + P[(E_c - R_c) - e_c] \\ P = P(R_1, \cdots, R_m, R_C) \\ R_F + R_1 = E_F + E_1 - \sum_{i=1}^{m} e_i - e_1 \end{cases} \tag{10-16}$$

R_F, E_F 分别为 m 个"价格接受者"企业的污染减排量与污染排放量的总和,$T(R_c)$ 为垄断企业 C 的交易成本,从式(10-16)可以得出目标函数一阶条件为零,即有

$$p + \frac{\mathrm{d}P}{\mathrm{d}R_C}[e_c - (E_c - R_c)] + T_c'(R_c) = C_c'(R_c) \tag{10-17}$$

其中

$$\frac{\mathrm{d}P}{\mathrm{d}R_C} = \sum_k \left[\frac{\mathrm{d}P}{\mathrm{d}R_j} \frac{\mathrm{d}P_j}{\mathrm{d}R_C} \right] + \frac{\mathrm{d}P}{\mathrm{d}R_C}$$

将式(10-17)整理,可以写出

$$p = \frac{C_c'(R_c) - T_c'(R_c)}{1 + \frac{1}{\eta} \left[\frac{e_c - (E_c - R_c)}{R_c} \right]}, \eta = \frac{\mathrm{d}R_c/R_c}{\mathrm{d}P/P} < 0 \tag{10-18}$$

五、主要结论

η 是垄断企业 C 的排污权价格需求弹性,因此当 η 越大,排污权交易价格偏离完全竞争价格的程度也就越小。式(10-18)表明垄断企业的边际治理成本不等于完全竞争市场下的排污权交易价格。当垄断企业作为排污权的净购买者时有 $e_c - (E_c - R_c) < 0$,由式(10-18)可以得出,此时由垄断企业控制的排污权价格小于完全竞争时的排污权价格,那

么对 m 个"价格接受者"企业来说,存在市场势力时,出售剩余排污权所产生的收益将小于完全竞争条件下所得收益,对于"价格接受者"企业来说,这个结果不是最优的,存在效率损失,而效率损失的大小主要是由垄断企业获得的初始排污权禀赋决定的。

可以看出,在受到操纵的拍卖市场上,最大利益获得者是接受价格企业,而不是定价企业,然而政府的拍卖收益却减少了。政府可以设计出特别的"动机协调拍卖"方式,对垄断企业单方面利用投标控制价格的动机加以限制,缩小其在拍卖市场上的损失。

第五节　本章小结

排污权交易系统中涉及众多异质主体,如排污企业、管制者、公众等,都是具有高度智能性、自主性、目的性与自适应性的异质主体。其中,排污企业作为排污权交易制度发挥作用的核心主体,具有多种环境行为选择。较典型的行为有污染治理行为与排污权交易行为的选择,治理行为与生产经营调节行为的选择以及排污权分配中的策略性行为等。故本章着重探讨企业的排污权市场进入、二级市场的定价、具有市场势力企业的市场操控等行为。

一、排污权能否顺利交易,关键取决于实施排污权交易成本的高低

排污权交易中的交易成本是指协商谈判和履行协议所需的各种资源的费用,包括明晰产权所花的成本,制定谈判策略所需信息的成本,谈判所花的时间及防止谈判各方欺骗行为的成本等。根据研究的需要,本章将排污权交易中的交易成本分为两类,即制度内生成本和交易活动成本。制度内生成本是指排污权交易制度框架运行需花费的成本,在交易发生前就可以度量。其主要包括排污权产权归属界定的成本费用、制定并完善交易规则所花费的成本费用、排污总量确定和排污权份额细化所花费的成本及监测企业实际排污量的成本费用。交易活动成本是指在制度框架内从事交易活动所花费的成本,主要涉及交易中的资产专用性和机会主义行为等,包括基础信息寻求的直接费用、讨价与决策费用及执行费用。制度内生成本与交易活动成本两者间此消彼长,即排污权产权越清晰,排污权市场交易体系越完善,交易活动成本就越低,反之则高。

如果交易费用过大、程序过复杂、时间过长,就会影响交易效率,就可能形成新的成本效率均衡点、降低排污权交易的市场成交量、压抑排污权交易的供给与需求。影响排污权交易中交易成本的关键变量是资产专用性、不确定性和交易频率。参加交易的厂商数量越少,排污权的细化程度越高,排污权使用的时间、空间限制程度越高,交易成本就越高;交易的不确定性越高,排污权的交易成本就越高;交易市场越大,频率越高,交易成本就越低。

为了提高排污权交易的有效性,排污权市场建设者应该致力于减少边际交易成本。根据前面的分析,高交易成本产生的原因可以归纳为不确定性(风险因素)、有限理性(信息因素)、市场势力(垄断因素)及政府管制等。在排污权交易制度的建立和运行过程中,可以通过提供充分的市场信息、限制垄断、减少政府管制等方法来降低交易成本,促进市场的发展。

二、二级市场上企业间的价格策略会直接影响交易的整体效率

随着产品产量的增加,产品的单价将越来越低,产量增加给企业所带来的边际收益递

减;对于超污企业和低污企业来说,产量所带来的边际收益与其排污系数呈负相关关系。因此,两企业只有不断降低排污系数,才有可能使增加产品产量带来的边际收益递增;同时,要保证排污权交易的成功,必须采取一种定价策略,使得两企业都认为有利可图,共同遵守交易规则。最好的情况是两企业达成协议,将排污权全部分配给治污率低的企业,让治污率(治污成本)高的企业削减污染,这样将节省的治污成本在两企业之间平分,双方都获得了福利,实现帕累托最优。

三、企业市场势力的存在可能会影响排污权交易带来的收益

排污权交易中的市场势力主要有两类:一类是某个积极进取的污染源试图通过操纵市场价格减少其在排污信用或许可上的花费;另一类是排他性操纵,即某个污染源或污染源集团,除了将排污权交易作为减少支出和最大化自己的利益的手段之外,还试图以许可或信用市场上的势力杠杆,获取产品市场上的势力。

具有市场势力的企业排污权价格需求弹性越小时,排污权价格偏离完全竞争价格的程度也就越大。对于"价格接受者"企业来说,存在市场势力时,出售剩余排污权所产生的收益将小于完全竞争条件下所得收益。

第十一章 国内外典型地区排污权交易的经验与启示

排污权交易最初产生于美国，后发展于欧洲、日本、加拿大等发达国家，现在已成为国外环境治理中最重要且最有效的市场化手段之一。相比较，中国的排污权交易尚处于试点阶段，各方面的运作带有明显的行政规制特点，距离市场化体系尚有距离。本部分将对美国和欧盟国家的排污权交易制度进行回顾、总结和评价，并在对比中剖析国内试点中存在的问题，从而为河北省完善排污权交易制度提供借鉴和指导。

第一节 国外典型的排污权交易

一、美国排污权交易制度

20 世纪 70 年代中期，美国采纳 Dales 的构想，提出了排污权交易的环境经济措施，并进行了广泛而有效的实践。美国的排污权交易发展过程可以分为三个阶段：一是排污削减信用模式；二是总量 – 分配模式；三是非连续排污削减模式。排污削减信用模式是美国排污权交易最初采取的模式，从 1990 年开始，总量 – 分配模式成为排污权交易的主要趋势，前两种模式贯穿着美国二十多年来的排污权交易实践。非连续排污削减模式近几年刚刚应用于实践，其实质是对排污削减信用模式灵活性上的改进。

(一)排污削减信用模式

排污削减信用模式也称基准 – 信用模式，是指污染源或污染设备只要在一定的时间内自愿地削减了自身的污染物排放，经环保局认可，就可以产生对等的可以作为媒介或通货使用的排污削减信用(emission reduction credit，ERC)，一般而言，一个 ERC 就是一个交易单位。除了用于交易，ERC 也可被存储，以备将来之用。举例来说，假设某个污染源被允许每天排放 20 t 的污染物，如果它采取了一定的措施使排污削减到每天 15 t，那么它就拥有了每天 5 t 的排污削减信用。在排污量削减信用模式基础上又逐渐衍生出几种较为独立的政策机制。

1. 补偿政策

1976 年 12 月，美国联邦环保局颁布了《排污补偿解释规则》，创立了补偿政策体系。该体系允许在非达标区新建或改建污染源，前提是新建、改建污染源不仅要采用当前可得的最新的污染控制技术，而且首先要能从该地区的其他污染源获得足够的排放削减信用，使得新源进入后该地区的总排放量不高于从前(当时规定新源必须获得比拟排放量多 20% 的削减信用，从而保证多余的 20% 退出使用可以实现总量控制)。因此，补偿政策初步使经济增长和环境保护的政策目标得到了统一。

2. 泡泡政策

1979 年,美国环保局公布了一项名为"州执行计划中推荐使用的排污消减替代政策",即泡泡政策。该政策适用于一个地区现存的排污源,最初是对一个企业而言,将一个排污企业的多个污染源当作一个"气泡",在气泡对外排放达标的前提下,允许气泡内各污染源从控制成本的角度相互调剂各自的排污量,从而使气泡内的总体控污成本最小化。后来,美国环保局视情况扩大了"气泡政策"的运用范围,将一个区域内的排污企业捆绑在一起作为一个气泡,允许在这些扩大的气泡中转让削减量。应该说,"泡泡"政策的实行,使排污企业可以以最经济的代价达到符合污染控制的总体要求,是现行排放权交易的正式雏形。

3. 储存政策或存储银行政策

在以上政策实行的同时,为了更好地解决排污信用的余缺调剂问题,美国于 1979 年通过了排污银行计划。该计划允许补偿政策和泡泡政策中的排污信用可以用于储存,并且储存的信用可以用于与其他企业的交易。储存政策鼓励有条件或有能力使用清洁工艺和清洁技术的排污企业及时进行设备更新,而且为新建或扩建企业提供了最低成本的进入渠道,有效促进了基于环保效果下的经济发展。

4. 容量节余政策

这一政策允许进行改建或扩建的排污企业内总排污量没有增加的前提下,免于承担通常所采用的较为严格的污染治理责任。

1982 年 4 月,美国联邦环保局颁发了《排污权交易政策报告书》,将补偿政策、泡泡政策、存储政策及容量节余政策统一为"排污权交易政策",并允许美国各州建立排污权交易系统。总体来说,美国早期的排污权交易尽管存在交易量少,补偿价格低,离预期减污效果有差距等问题,但排污权交易计划仍具有较大的可行性,可以有效激发企业的污染削减潜能,当然其中涉及的排污权持久分发的风险、削减信用作为安全财产权利及进入退出的敏感设计等,尚未有效解决。

(二)总量 – 分配模式(CA)

20 世纪 90 年代,美国排污权政策制定慢慢向总量 – 分配模式转变。该模式更强调交易性、财产权的安全性及总量水平的控制。该模式是环境管理部门对某一部门的污染情况进行观察后,设定并划分(按某地区或某行业)污染排放总量,然后以许可证的形式向各个污染源分配总量的一部分。分配的排污权可以自由进行交易也可以储存,但是在一个计算期结束时污染源必须拥有足够数量的许可证保证它在本期内的排污量。

该体系最典型的实践是美国在 1990 年的《清洁空气法案修正案》中提出的"酸雨计划",对二氧化硫的许可证进行交易。一个许可证代表污染源可以拥有排放一天 50 t 的权利,每年计划的参加者根据他们的基准燃料消耗被分配固定数量的许可证。许可证可以与其他参加者自由进行交易,不用的许可证可以存储以备将来使用。连续的监测系统、计算机化的许可证跟踪及严格的惩罚措施保证了计划的实施。

CA 模式是美国环境保护局最为推崇的交易模式,该模式具备以下特性:

(1)总量控制是根据环境质量目标制定的,因而是实现既定环境质量目标的有力保障。

(2)排污交易鼓励有利于环境的行为,卖方因超量减排而剩余排污权,可通过出售排污权获得经济回报,其实质是市场对有利于环境的外部经济性的补偿。买方因无法按政府要求减排而购买排污权,支出的费用实质是外部不经济性的代价。

（3）在建立 CA 系统的工作前期，虽然涉及历史排放水平的考虑、区域的界定、大量连续监控设备的实施到位及许可证发放的方式等问题，但是一旦体系运行起来，其执行成本较低，可以降低环境管理的成本。

（4）总量控制的交易对象为大型的、类似的固定污染源，颁布的法规适用于所有的污染源，可以较容易达成一致的行动并达到预期的目标。

二、德国排污权交易制度

德国作为发达的工业化国家，能源开发和环保一直走在世界前列。目前环保已成为其经济、社会可持续发展的重要内容；保护气候、减少温室气体排放的具体指标也列入了可持续发展的总指标体系中；环保方面的法律制度也非常完善。

2002 年初，德国法律规定开始实施碳排放权交易制度。德国环保局组建专门管理机构，对企业机器设备进行全面调查，研究建立与排放权交易相关的法律事宜。目前已形成了较全面的法律体系和管理制度，这些法规包括排污权取得、交易许可、收费标准等。同时还建立了管理排放权交易事务的专门机构，负责发放排放许可证、核实企业报送的排放申请报告、以账户形式对每个企业进行登记、与欧盟和联合国进行合作等事宜。这些措施奠定了排放权交易在德国的法律地位。

在德国，排污权交易采取总量控制与交易模式，这是一种在政府主导下的排污许可证交易。环保部门根据减少污染物控制计划的需要，确定某个地区或行业的污染物排放总量，以排污许可证的形式发给各个污染源，这些排污许可证可用于交易，环保部门不再对各个污染源确定排放标准，是否用于交易由污染源自行决定，只要它保证能在排污检查时，其所持有的排放许可证代表的数量不低于该污染源本期所排放的污染量即可。

对于排污许可证的分配方式有两种。一是通过政治手段分配，是相关政府部门以历史排放水平为基础的初始排放权分配方式。在总量控制政策下，环保部门无偿配置排放权，排污权的多少决定了企业的排污数量，并对企业的生产规模产生重大影响。但是，政治手段分配也会产生一些问题，从追逐利润的本性出发，排污企业为了降低成本、增加产量，必然将工作重点放在尽可能多地获取无偿分配的排污权方面，市场环境会被扭曲，环保部门必然滋生权力寻租现象，导致环境管理工作的混乱，其直接的负面效应是企业缺乏减少排污量的动力和压力，难以达到控制污染的效果。二是利用市场机制进行初始分配，即公开拍卖。在排污许可证进行公开拍卖时，由政府管理机构对固定数量的排污许可证进行拍卖，排污许可证的理论成交价格应该与企业治理污染的边际成本相等。这种方式在一定程度上补充了政治手段分配的不足，但是也不利于连续的市场交易信息的形成，造成市场信息不足，同时有一些实力雄厚的企业有可能高价购买指标，排挤对手，使真正需要排污的企业买不起指标，一些中小企业难以生存。

第二节　国内典型地区的排污权交易

我国排污权交易试点工作始于 20 世纪 90 年代，从 1991 年开始，先后在 16 个城市进行了排放大气污染物许可证试点工作，其中在包头、开远、柳州、太原、平顶山和贵阳等城市尝试大气污染物的排放权交易。1994 年，在包头、开远、柳州、太原、平顶山、贵阳开展大气排污权交易的试点。2002 年 3 月，国家环保局下发《关于开展"推动中国二氧化硫排放总量控制及排污交易政策实施的研究项目"示范工作的通知》,先后在山东、山西、江苏、河南、上海、天津、柳州等省市,建立二氧化硫排放总量控制及排污权交易的试点。2007年11月,我国首个排污权交易中心在嘉兴挂牌成立,2008年江苏省太湖流域开展化学需氧量排污权的初始有偿转让,2009年太湖流域推进氨氮、总磷排污有偿试点,2008—2010年间建立排污权动态数字的交易平台,形成太湖流域排污权交易市场。试点省市均结合地方实际,尝试制定了地方文件和法规,建立和努力推行排污许可证制度,一些地区出现了相当成功的交易案例。下面主要介绍江苏太湖流域的排污权交易和嘉兴市的排污权交易两个典型的试点。

一、江苏太湖流域的排污权交易

江苏省太湖流域在《江苏省太湖流域主要水污染物排放指标有偿使用收费管理办法(试行)》的基础上,从2002年起在部分地区开始尝试开展污水排放权的交易。一是秀洲区从2002年9月起参照2000年太湖流域治理达标时企业拥有的污水处理设施的处理能力推广排污权交易。在确定排污权的初始交易价格时,秀洲区环保局参照建造日处理一万吨级生活污水集中处理厂的投资成本,计算出每吨废水的排污权购买价格为300元,那么如果企业要获得日均排放1 000 t污水的排污权,初始排污权的购买价格为30万元。二是如皋市的泰尔特染整有限公司与南通亚点毛巾染织公司就"买卖"化学需氧量(COD)排放权进行了洽谈,最终泰尔特染整公司拿出30 t COD指标,以每吨1 000元的价格"卖给"亚点毛巾染织公司,而亚点毛巾染织公司一次性支付给泰尔特染整公司为期3年的交易费用。

从2008年1月1日起,太湖流域水污染物排污权有偿使用正式推行,范围包括太湖流域内的无锡市、常州市、苏州市及镇江市的丹阳、句容和南京的高淳区等,对象选择重点监控的266家排污企业。随着实践的推进,江苏省太湖流域的污水排污权交易逐渐完善成熟,目前交易的初始价格采用"成本＋地区差异"的核算方法,即以污染治理直接成本作为定价的参考基础,同时,本着"刺激性""区别对待"的原则,根据环境承载力、经济发展状况、社会因素等评价指标计算地区分担系数,具体而言,苏南、苏中、苏北区域调整系数分别为1.496、1和0.852,从而设计出"COD初始价格＝平均治理成本×地区差异系数"的公式。根据上述方法计算的分行业排污企业购买COD排污权的初始价格分别为:化工企业COD定价为10.5元/千克,印染企业为5.2元/千克,造纸企业为1.8元/千克,酿造企业为2.3元/千克,其他企业为4.5元/千克。此外,江苏省环保厅自2009年开始,在太湖流域适时推进氨氮、总磷排污权有偿使用试点,建成太湖流域的市级水排污权交易市场,并且采用新老企业并规制。

二、嘉兴市的排污权交易

嘉兴市地处长三角中部核心区域,近十年来,嘉兴经济一直保持高速增长,2008年全市实现生产总值1 815.3亿元,比1998年增加了3倍。在嘉兴工业化、城市化快速推进的同时,大量的污染物排放造成了资源紧缺、环境质量下降等一系列环境问题,尤其是水环境污染。2001年到2005年,嘉兴市地表水劣五类的比例逐年增加,到2005年已经达到70%,环境形势非常严峻,严重制约了嘉兴市经济社会的可持续发展。在这种情况下,嘉兴市面临着双重困境,一方面环境资源状况堪忧,而且还面临艰巨的减排任务,另一方面,经济的高速发展又必须进一步消耗环境容量。如何最大限度地利用现有环境资源,实现经济发展和环境保护的双赢,就成为嘉兴市必须解决的难题。2007 年 11 月 1 日,嘉兴市排污权交易制度正式启动。

作为全国首个试点排污权交易的城市,浙江省嘉兴市积极探索用经济手段治理污染,最大限度发挥本地区环境容量资源的价值。嘉兴市开展了积极有益的探索和实践,排污权租赁和刷卡排污就是有效的环境经济管理手段。

2010 年,嘉兴在平湖市试点化学需氧量排污权指标租赁政策,参与排污权有偿使用的企业可将当年度的富余指标通过交易平台以协议的方式出让给同行业企业。2010 年 10 月,浙江景兴纸业股份有限公司分别与两家纸业股份有限公司达成租赁协议,合计支付租赁费用 11 万元。平湖市环保局将景兴纸业的年度废水排放总量控制限额进行了调整,并相应调整了出租方荣胜纸业和丰力纸业的总量控制限额。

平湖市在造纸行业整体实现总量控制限额的前提下,实现了排污权指标资源在企业间的年度性流转,促进了排污权指标的优化利用。截至 2013 年底,平湖市共完成租赁 24 笔,租赁化学需氧量 355 t,租赁金额达 56.4 万元。

与此同时,嘉兴市探索建立科学有效的企业排污总量监管办法,在桐乡市推行企业刷卡排污试点,即对污水排放总量大的企业安装污水流量计和自动控制电磁阀等装置。企业每月预先向环保部门申请额定的月排放量指标,实行刷卡排污,当指标用到 80% 时,环保部门予以短信提醒;指标用到 90% 时,企业则会收到环保部门的电子邮件;指标一旦用完,电磁阀自动关闭。工作人员通过计算机实时监测系统,可随时察看企业污水排放情况,准确掌握企业污水的瞬时、日、月和季度流量等,从而准确掌握了企业每个月的排污量及减排量。

目前,桐乡市共计完成 123 家企业的刷卡排污系统建设,为在嘉兴市全面推行刷卡排污总量控制提供了实践经验。2013 年,嘉兴市所有县(市、区)的国控、省控重点污染源均开展了刷卡排污总量自动控制系统建设。截至 2013 年 12 月底,全市已建成废水刷卡排污系统 145 套,废气刷卡排污系统 32 套。刷卡排污强化了对重点排污企业的环境监管,促使企业依法治理,有序排污,也将进一步扩大企业排污权有偿使用的范围,激发二级市场排污权交易的活跃度,加快形成优化环境资源市场配置机制。

(一)排污权有偿使用的试点

2002 年 6 月,嘉兴市秀洲区开展了区内企业排污权有偿使用和交易制度的试点。试行排污权有偿使用的内容包括排污指标初次分配的有偿使用和在此基础上的排污指标有偿交易两个方面,制定的《秀州区水污染物排放总量控制和排污权有偿使用管理试行办法》对总量控制、初始排污权的分配、初始价格的确定等都做了相关规定。2007 年 9 月,嘉兴市政府下发了名为《嘉兴市主要污染物排污权交易办法(试行)》的"84 号文",首次明确提出了主要污染物排污权实行市场化交易的模式。同年 11 月,在首届排污权交易论坛上,嘉兴市排污权储备交易中心揭牌成立,标志着嘉兴市排污权交易有了专门的二级市场,"谁污染、谁付费,谁治理、谁受益"的治污理念,在嘉兴开始实现制度化、规模化。2008 年 1 月,经过前期调研及可行性研究,南湖区作为初始排污权有偿分配的试点单位,率先实行了初始排污权有偿使用制度,并开展了企业间的二次交易,为初始排污权有偿使用在全市乃至全国推广起了很好的示范作用。

（二）嘉兴排污权交易的制度设计

《嘉兴市主要污染物排污权交易办法（试行）》作为全国第一个推动排污权交易的规范性文件，构建了排污权交易体系的基本框架：一是排污权的确定，二是排污权的分配，三是排污权的交易，四是污染物排放的监督，五是排污权的宏观调控。

1. 排污权的确定

当"排污权"成为关乎民众利益的公共资源时，科学测算区域环境总容量和合理分配指标就成了实施"排污权交易"的关键。要求 COD 和 SO_2 每年分别完成削减3.5%和3.6%的任务，这意味着嘉兴市不再新批排污指标，新建和改扩建企业要想获得排污许可，只能通过"盘活"老企业超额削减的这部分排污量，进行有偿转让得来，从而达到严格控制全市污染总量的目的。

2. 排污权的分配

实行排污权交易制度后，嘉兴市以"不溯及既往"为原则，采取"一刀切"的办法赋予企业初始排污权：2007年10月1日前成立的企业，承认其已经取得排污权；新建企业，或者需要扩大产能的企业，则必须取得从其他企业减排出来的部分排污权才能投产。初始排污权有偿分配制度的推行，让排污权体现了真正的市场价值，可以借此筹集非常可观的资金，用于集中建设较大规模的减排工程，提高减排的效率。

3. 排污权的交易

排污权的交易市场由主体、客体、中介机构三个部分组成。市场主体包括排污权的需求方、供给方和政府。市场客体是指合法取得的排污权。嘉兴市排污权储备交易中心作为排污权交易的中介机构，是排污权可转让方和需求方交易的指定平台，可转让方经储备交易中心出让排污权，需求方通过储备交易中心购买排污权。该平台作为全国第一个排污权交易平台，为排污权可交易量的盘活发挥了很大的作用。

4. 污染物排放的监督

2007年10月份，嘉兴市完成了污染源自动监测监控和大气、地表水自动监测两大系统建设，对全市90%的污染物排放总量和整个水环境、大气环境进行全天候实时数据和图像监控。这两大监测监控系统的建成和有效运行，为开展排污权交易、实时核定污染物排放总量，提供了强有力的技术保障。

5. 排污权的宏观调控

排污权的宏观调控主要包括对排污权的确定、交易及使用过程的监督。排污权的确定过程调控主要包括对污染物排放总量控制的调控和对排污权分配的管理。排污权的交易过程调控管理主要包括对排污权交易主体资格的审查、客体交易数量的审核，以及对排污权交易情况的跟踪管理；排污权的使用过程调控管理主要包括对污染物排放情况的监督、对排污权交易执行效果的评估及信息反馈。

第三节 经验与启示

排污权交易制度在美、德等国家已比较完善，值得我们借鉴。虽然国内一些试点只是局部性、尝试性的，但是同在中国国情下，对河北省排污权交易的实施也具有重大的借鉴意义。通过分析我们认为，河北省在排污权交易中应做好如下几方面工作。

一、降低排污权交易成本

排污权交易中存在信息收集、谈判费用等各种交易成本,这在一定程度上会抵消企业参与交易获得的节约污染治理成本的收益,使交易变得无利可图。所以应采用新技术,设立排污权交易中介机构,提供交易信息、办理排污权储存和借贷服务等;同时进行制度创新,政府应提供免费信息服务,适当减免监督与执行的费用;建立相应的激励机制,对积极减排、积极出售排污权的企业从资金、税收、技术等方面予以支持;鼓励排污权作为企业资产进入破产或兼并程序等。

二、推进交易政策法制化

应对排污权的交易范围和交易方式做出明确规定,建立排污权交易的法律体系。排污权交易作为一种经济管理手段,只有在被纳入法律规范的前提下才能发挥作用。相关法规要阐明环境是一种可利用的资源,确立合法的排污权,明确将有偿取得的排污权与其他生产要素一样纳入企业产权范围,完善排污权交易制度,以保证排污权及其交易的合法化,保障企业在排污权交易中买卖自由、信息共享,促进市场的公平竞争。排污权实际上是对环境容量资源的使用权,这种权利的总量是有限的,以某种形式初始分配给企业后,新加入的企业只能从市场上购买必要的排污权。所以要把排污权纳入法律调整的范围,进行合理的分配和管制,进而改变目前国家环保主管部门通过颁发排污许可证确认排污权这一行政性权利,赋予该权利可自由交易的市场性权利。

美国实施排污交易的成功交易经验指出,要建立规范化的排污交易市场,必须有严格的法律保障。排污权交易有三个基本环节:一是区域内愿意接受有关污染程度的公共政策;二是对产生污染权利的限制有明确说明;最后是建立完整的市场机制。这三个环节是通过完善的法律保障实现的。在严格的法律框架下,每个参与排污交易的企业个体明确自己的行为规则。虽然,目前试点省市均结合地方实际,尝试制定了地方文件和法规,建立和推行排污许可证制度,提出了本地二氧化硫指标的分配办法,但是在国家层面上则没有针对性的立法。今后,要进一步完善实施排污交易政策的技术规范文件,提出国家排污交易管理办法。

三、实行初次分配有偿化

在我国,环境对污染容纳能力的有限性、总量控制任务的艰巨性和污染源的复杂多样性,使得排污指标十分紧缺。所以,在排污权交易开始就要实行污染控制总量指标初次分配的有偿化,以充分体现污染者付费原则。政府应对长期无偿占用排污指标的单位进行改制,对新建单位采取拍卖和奖励等有偿方式分配排污权,全面实现排污指标的有偿初次分配。在此基础上,再通过市场实现污染源之间排污权的再分配。

四、科学定位政府角色

随着排污权交易制度的确立及排污权交易市场的发育和完善,政府必须转变职能,由管理者向服务者转变。政府要由排污权额度的直接发放者转变为排污权市场交易的监督、保护、服务者。政府职能可以限定为区域排放总量的确定、环境容量的准确评价、排污权的审核、排污权的初始分配、建立排污权交易系统、建立和完善排污权交易市场及制定相应的规则等。目前,我国市场经济体制还不够完善,政府还存在大量以政代企的行为,对重点企业尤其是国有企业运用行政等手段加以扶持和干预,政府过多的参与必然会影响市场杠杆作用的发挥,从而使排污权交易的公平性受到制约。必须从根本上转变政府相关职能,提高相关部门的效率,减少不必要的行政干预,培育和完善排污权交易的市场机制,为企业进行交易提供良好的交易平台。

当前较适宜开展排污权交易的地方是东南沿海经济发达地区或东部市场经济较为成熟的部分大城市,因此要逐步扩大排污权交易市场,力争建立全国性的交易市场。对于排污权交易主体的确立可借鉴国外的经验,分为一级和二级市场交易主体,包括个人、企事业单位及政府,同时,注意选择适宜的交易方式。在初始阶段,排污权转让可以采取分散交易方式,企业富余的排污权可以公开竞价拍卖,也可以和买方分别谈判。应确保主体的经济活动平等性,无论是作为排污者的企业,还是政府、各类组织及个人排污者,都可以成为交易主体。鼓励公众广泛参与到排污权交易中,通过收购排污权许可证等方式限制排污,保护自己的生活和生存环境。

五、健全监督管理机制

排污权交易能否成功,关键在于能否准确计量污染的排放量。只有对每一个排污单位的污染物排放进行准确地、连续地实时监测,杜绝非法的污染物排放,才能保证合法的排污者不会因为其他排污者的非法排放而遭受损失,这是排污权交易制度得以正常运行并充分发挥作用的必要的技术保证。美国排污权交易制度的成功实施,很大程度上得益于先进的监测技术手段和完善的监督管理机制。目前我国对污染物的监控还做不到及时、准确、到位。只有确保每个排污企业拥有的合法的排污权数量和实际排放量的对应关系,排污权才能具有交易的性质。因此完善监控系统是保障排污权交易公平、公正进行和控制环境质量的关键。同时应该建立以计算机网络为平台的排放跟踪系统、审核调整系统等,使有关人员及时掌控企业的排污状况和排污权交易情况。应在每个排污权交易中心设立信息发布栏,及时公示信息,以确保公民知情权,使环保工作纳入社会监督范围,提高公民的环保意识。

第四节 本 章 小 结

从排污权交易发源国美国的实践来看,其排污权交易随着实践的发展,主要有三个模式:一是排污削减信用模式;二是总量-分配模式;三是非连续排污削减模式。美国在实施中制定了补偿政策、排污削减替代的泡泡政策、存储银行政策、容量节余政策等。德国在排污权交易中构建了完善的法律制度,减少温室气体排放的具体指标也列入了可持续发展的总指标体系中。国内主要选了江苏省太湖流域的水体排污权交易和嘉兴市的排污权交易两个典型的试点。通过分析我们认为,河北省在排污权交易中可借鉴的经验包括降低排污权交易成本,推进交易政策法制化,实行初次分配有偿化,科学定位政府角色,健全监督管理机制等。

第十二章 河北省排污权交易的实践

第一节 河北省实施排污权交易的背景

"十二五"期间,面对更加严峻的减排形势,排污权交易作为一项新的环境经济政策,被我国列为推动环保体制机制创新的重要内容。从 2010 年开始,河北省通过先行试点、逐步推广的模式实施该项政策,重点对 COD 和 SO_2 实行了排污权的交易,以通过市场的"无形之手",发挥污染减排在调结构、转方式中的倒逼作用。

一、河北省 COD 排放现状及趋势

(一)河北省水环境质量分析及 COD 排放现状

河北省境内水系发达,河流、水库众多,共有八大水系,从北到南依次为滦河水系、辽河水系、北三河水系、永定河水系、大清河水系、子牙河水系、漳卫南运河水系、黑龙港运东水系。

根据河北省 2015 年环境状况公报,八大水系水质总体为中度污染,氨氮浓度均值比 2014 年下降了 32.3%。2016 年,河北省启动实施重污染河流环境治理攻坚、白洋淀和衡水湖综合整治、县城及以上集中式饮用水源地安全防护三个专项行动,组织开展水污染防治百日会战,对 12 条重污染河流实施了总投资 33.7 亿元的 65 个重点治污工程。八大水系水质总体为中度污染。Ⅰ~Ⅲ类水质比例为 50.95%,Ⅳ类水质比例为 8.18%,Ⅴ类水质比例为 8.80%,劣Ⅴ类水质比例为 32.07%,与 2014 年基本持平。

八大水系中,永定河水系水质为优,辽河水系、滦河水系水质良好,大清河水系和漳卫南运河水系为中度污染,子牙河水系、北三河水系和黑龙港运东水系为重度污染。

河北省与山西省、北京、天津等多个省(市、自治区)相邻。2016 年监测的 18 个入境断面中,辽宁省、山西省来水水质较好,北京市、山东省、河南省来水水质较差;22 个出境断面中,入北京市的水质较好,入天津市和山东省的水质较差。

(二)河北省 COD 排放趋势分析

河北省 COD 排放量包括工业 COD 和城镇生活 COD 两部分,城镇生活 COD 排放统计数据始于 1998 年。根据 1998—2015 年《河北省环境状况公报》《河北省环境统计综合年报》数据分析,近年来在河北省经济社会不断发展的情况下,COD 排放得到很好的控制。尤其是"十一五"时期,随着污染减排工作的大力开展,COD 排放总量从 2007 年起明显减少。工业 COD 排放量总体呈稳中有降的趋势,进入"十一五"时期,COD 实现减排 36.25%,减排量 14.1 万吨。随着城市化进程的加快,生活 COD 排放近年来不断上升,2007 年生活 COD 排放已超过工业 COD 排放。2008 年 COD 排放总量为 60.48 万吨,其中生活 COD 排放量为 35.61 万吨,占 COD 排放总量的 58.88%。2009 年 COD 排放总量为 57.01 万吨,比上年下

降了 5.74%,其中工业废水中 COD 排放量为 20.04 万吨,比上年下降了 19.42%,工业 COD 占总量的 35.15%;生活污水中 COD 排放量为 36.97 万吨,比上年上升了 3.82%。2010 年,全省 COD 排放量为 54.61 万吨,与上年相比下降了 4.2%。

以 2008 年为例。2008 年河北省 COD 排放量 60.48 万吨,占全国排放总量的 4.58%,居全国第 8 位,其中工业 COD 排放量位居全国第二位,是目前 COD 排放量较大的省份之一。河北省各设区市 2008 年 COD 排放量地区分布见表 12-1。可见,河北省 COD 排放不仅总量大,且地区分布不平衡。石家庄市排放量最大,其次是唐山、保定和张家口市,四个市排放量占全省的 1/2 强,最少的是秦皇岛和廊坊市,两市排放量不到全省的 1/12。总量分布揭示其主要同产业结构和人口总量有关,医药、造纸、印染、化工是 COD 产生的重点行业。

表 12-1 河北省各设区市 2008 年 COD 排放量地区分布

设区市	COD 排放量/万吨	排序
石家庄	12.89	1
承德	3.76	9
张家口	5.33	4
秦皇岛	2.04	11
唐山	8.56	2
廊坊	3.2	10
保定	6.41	3
沧州	4.48	8
衡水	4.74	6
邢台	4.49	7
邯郸	4.50	5
河北省	60.48	

以河北省 11 个地级市,即石家庄、唐山、邯郸、保定、沧州、邢台、廊坊、承德、张家口、衡水、秦皇岛等采用基尼系数法对 COD 污染物总量分配方案进行评估和案例分析,各区域的人口、经济、水资源量和 COD 排污量等各类指标占总量的比例,见表 12-2 所示。

以累计的人口、GDP、水资源量指标的累计百分比作为横坐标,累计水污染物(COD)排放量作为纵坐标,绘制相应的洛伦茨曲线,按单位排污量从小到大为分配对象排序,见表 12-3 所示。

表 12 - 2   河北省 11 个区域的各类指标占总量的比例

区域名称	评估指标			COD 排放量
	人口	经济	水资源量	
石家庄	19.38	18.43	9.96	25.16
唐山	24.58	32.68	10.98	13.20
邯郸	10.80	8.23	7.71	9.24
保定	8.41	8.19	13.73	12.28
沧州	4.01	5.58	5.67	9.18
邢台	4.78	3.18	4.44	6.93
廊坊	6.42	4.84	3.71	5.19
承德	4.27	3.24	22.04	7.28
张家口	7.32	5.27	10.11	1.47
衡水	2.53	2.41	4.09	6.68
秦皇岛	7.50	7.95	7.56	3.93

表 12 - 3   河北省 11 个区域人均 COD 排放量排序及所占比例

区域名称	人均 COD 排放量 kg/人	人口所占比例%	人口累计所占比例%	COD 排放量所占比例%	COD 排放量累计所占比例%	水资源量所占比例%	水资源量累计所占比例%
衡水	120.77	2.53	2.53	6.68	6.68	4.09	4.09
沧州	104.59	4.01	6.54	9.18	15.86	5.67	9.76
承德	77.84	4.27	10.81	7.28	23.14	22.04	31.80
保定	66.71	8.41	19.22	12.28	35.42	13.73	45.53
邢台	66.25	4.78	24.00	6.93	42.35	4.44	49.97
石家庄	59.31	19.38	43.38	25.16	67.51	9.96	59.93
邯郸	39.1	10.80	54.18	9.24	76.75	7.71	67.64
廊坊	36.88	6.42	60.60	5.19	81.94	3.71	71.35
唐山	24.54	24.58	85.18	13.20	95.14	10.98	82.33
秦皇岛	23.97	7.50	92.68	3.39	98.53	7.56	89.89
张家口	5.83	7.32	100.00	1.47	100.00	10.11	100.00

二、河北省 SO_2 排放现状及趋势

(一)河北省 SO_2 排放现状

2010 年,河北省环保系统在省委、省政府的正确领导下,紧紧围绕科学发展和富民强省主题,以科学发展观为统领,以污染减排为主线,全面落实环境保护"十一五"规划,综合施策,开拓创新,攻坚克难,环境保护各项工作取得了积极成效,较好地完成了 2010 年的各项工作任务。以"双三十"为龙头,着力推进了工程减排、结构减排和管理减排,不折不扣地落实了各项减排目标任务,经环保部核定,河北省 2010 年及"十一五"的主要污染物减排目标任务均圆满完成。2010 年,河北省 11 个设区市城市空气质量首次全部达到国家环境空气质量二级标准,城市大气环境质量持续改善。

河北省设区市平均污染物浓度总体下降,可吸入颗粒物浓度(PM_{10}),2010 年与 2005 年相比降低 22.2%,与 2009 年相比降低 4.94%;河北省 11 个设区市均达到国家二级标准,增加了石家庄和邯郸两个城市;2010 年与 2005 年(十五末)相比 SO_2 降低 43.8%,与 2009 年相比降低 2.17%;河北省 11 个设区市均达到国家二级标准,增加了唐山市,与 2005 年相比 NO_2 浓度持平,11 个设区市均达到国家二级标准。

2010 年河北省二氧化硫排放量为 123.38 万吨,比上年下降了 1.5%。"十一五"期间河北省废气 SO_2 排放量情况见表 12-4。

表 12-4 "十一五"期间河北省废气 SO_2 排放量

年度	SO_2 排放量/万吨		
	总计	工业	生活
2006	154.55	132.57	21.98
2007	149.25	129.44	19.81
2008	134.51	115.87	18.64
2009	125.35	104.27	21.08
2010	123.38	99.42	23.96

资料来源:2010 年河北省环境质量公报。

(二)河北省 SO_2 排放的趋势

SO_2 排放具有明显的地域性特征。2015 年,从河北省各市区排放量看,唐山市排放 SO_2 最多,达 33.32 万吨,占河北省总排放量的 23.6%;其后依次是邯郸、石家庄、邢台、张家口、承德、保定和秦皇岛市,以上八市 SO_2 累计排放量占河北省排放总量的 89.7%。2015 年河北省各市 SO_2 排放情况统计表见下表 12-5。

从统计资料可以看出,河北省 SO_2 排放量高的城市主要是规模以上重工业单位数量较多且单位 GDP 能耗较大的城市。不同城市 SO_2 排放量的差别与城市发展选择的行业有很大关系,重工业分布较多的地区 SO_2 排放量也较高。

表 12 – 5　河北省各市 SO₂ 排放情况统计表

地区	工业 SO₂ 排放量/万吨	规模以上工业企业单位数/个	单位 GDP 能耗/(吨标准煤/万元)
全省	141.36	13927	1.583
石家庄市	20.39	2576	1.486
承德市	9.60	553	1.631
张家口市	10.16	530	2.046
秦皇岛市	8.00	642	1.175
唐山市	33.32	1568	2.370
廊坊市	5.65	1223	0.856
保定市	9.20	1847	0.974
沧州市	5.35	1918	0.933
衡水市	4.03	967	0.944
邢台市	11.60	1009	1.739
邯郸市	24.06	1094	2.003

资料来源:2015 年河北省统计年鉴。

　　SO₂ 排放具有明显的行业特征。就河北省而言,黑色金属冶炼及压延加工业、电力、热力的生产和供应业 SO₂ 排放量最大,相应的耗煤量也最大。河北省六大高耗能行业能耗情况见表 12 – 6 所示。

表 12 – 6　河北省六大高耗能行业能耗情况统计表

行　　业	能源消耗情况/万吨标准煤	
	2009 年	2010 年
煤炭开采和洗选业	793.35	868.84
石油加工、炼焦及核燃料加工业	592.49	625.67
化学原料及化学制品制造业	1 010.17	986.55
非金属矿物制品业	1 093.57	1 115.42
黑色金属冶炼及压延加工业	8 466.07	8 812.55
电力、热力的生产和供应业	3 416.46	3 881.98

资料来源:2011 年河北省统计年鉴。

　　上述六个行业耗煤量合计占全省各行业耗煤总量的 91.20%,这些行业也是河北省 SO₂ 排放量较高的行业,参与河北省排污权交易的企业主要来自这些行业。对比往年数据可以发现,各行业的能源消费量成逐年递增趋势,其他各行业能耗量也出现了不同程度的增长,这说明河北省"高投入、高消耗、高污染"的增长模式仍未改变,经济的快速增长在某种程度上是以能源的更多利用为基础的。

河北省的黑色金属冶炼及压延加工业,电力、热力的生产和供应业是产生 SO_2 最多的行业,燃煤电厂是主要的高架源,因此河北省高架源 SO_2 排放量最大。虽然高架源 SO_2 排放量最大,但对于生活污染排放等低架源也不能忽视。低架源由于分布零散使得管理起来难度很大,也使之成为 SO_2 减排的难点和重点。

第二节 河北省排污权交易体系的运作

2010 年 12 月 28 日,河北省政府印发了《河北省主要污染物排放权交易管理办法(试行)》,对交易的基本原则、战略定位、指标来源、交易方式及交易的全过程管理作出明确规定,并探索了交易管理新模式,鼓励主要污染物年度许可排放量在改善生态环境质量的前提下跨区流转。该办法具体情况如下。

一、基本原则

主要污染物排放权交易,遵循统一管理,总量控制,优化配置,改善环境,自愿公平的原则。省及省以上环境保护行政主管部门审批的本省建设项目的排污权交易、跨市的排污权交易以及火电企业的排污权交易,在省主管机构进行。其他的排污权交易在属地进行。鼓励主要污染物年度许可排放量在改善生态环境质量的前提下跨区流转。

二、战略定位

设省控主要污染物年度许可排放量,用于支持河北省区域发展总体战略和主体功能区战略的实施。河北省环境保护行政主管部门制定规范的排污总量指标分配技术规程,将区域排污总量科学地分配到合法排污单位,并通过核发排污许可证明确允许排污单位排放污染物的种类、数量、使用期限及相关法律责任等。

三、指标来源

主要污染物是指国家和河北省确定的需要实施排放总量控制的污染物;主要污染物排放权是指在年度许可排放量内,排污单位按照国家或者地方规定的排放标准,向环境直接或者间接排放主要污染物的权利;主要污染物排放权交易,是指在满足环境质量要求和主要污染物排放总量控制的前提下,交易主体在交易机构对依法取得的主要污染物年度许可排放量进行公开买卖的行为。

设省控主要污染物年度许可排放量,用于支持河北省区域发展总体战略和主体功能区战略的实施。省控主要污染物年度许可排放量的来源,包括主要污染物排放权初始分配时地方政府的预留量;对有偿获取排污指标的企业,因转产、关闭或通过调整产业结构、改进工艺、深度治理等,腾出指标的回购量;对无偿取得排污指标的企业,因上述情况腾出富余指标的回收量;对因环境违法行为被责令关闭、取缔的企业强制回收的排污指标。需要跨区域交易的,需经当地环境保护行政主管部门确认后,由上一级排污权交易管理机构组织进行。跨区域交易后,上一级环境保护行政主管部门应及时调整涉及方所在地排污总量指标。有偿获取排污指标的排污单位因转产、关闭或通过调整产业结构、改进工艺、深度治理等,主要污染物年度实际排放量少于年度许可排放量的;因建设项目调整而发生购置的主要污染物年度许可排放量闲置的,应向所在地环境保护行政主管部门申报核准登记。

四、交易方式

主要污染物排放权交易主体,可向所在地及以上环境保护行政主管部门申报,经审核批准后方可参与主要污染物排放权交易活动。主要污染物排放权交易一般采取电子竞价、协议转让以及国家法律、行政法规规定的其他方式。转让主要污染物排放权有两个以上符合条件的意向受让方,采取报价最高者为受让方的交易方式。转让主要污染物排放权只有一个符合条件的意向受让方,采取协议成交的交易方式。

五、交易价格

主要污染物排污权交易价格,实行政府指导价。主要污染物排污权交易基准价,由省价格主管部门会同省环境保护行政主管部门确定并定期公布。主要污染物排放权交易市场成交价格不得低于交易基准价。

转让无偿取得的主要污染物排放权所得收益,应当按照转让方的隶属关系向同级财政缴纳主要污染物排放权出让金。主要污染物排放权出让金标准由省价格主管部门会同省财政部门制定;主要污染物排放权出让金的收取、使用办法,由省财政、价格、工业和信息化、环境保护行政主管部门制定。

六、交易程序

主要污染物排放权交易双方持交易凭证和主要污染物年度许可排放量交易确认文件,向环境保护行政主管部门申报,办理环评文件审批。主要污染物排放权交易合同生效后,排污单位必须按规定到核发排污许可证的环境保护行政主管部门办理主要污染物排放权变更登记手续。

七、交易主体

主要污染物排放权交易主体为转让方和受让方。转让方是指合法拥有可交易的主要污染物年度许可排放量的单位。受让方是指因实施建设项目或总量控制,需要新增或回收主要污染物年度许可排放量的单位。主要污染物年度实际排放量少于年度许可排放量的,以及主要污染物年度许可排放量闲置的,经审核批准后,可以进行主要污染物排污权交易,也可以在一定时期内储存。排污单位合法拥有的可交易的主要污染物年度许可排放量储备期为两年,超过储备期的,环境保护行政主管部门有权按不高于原购买价格收回排污指标。环境保护行政主管部门收回的排污指标,经审核批准后,可以进行主要污染物排放权交易或政策性补贴,也可以储备。

八、监管责任

环境保护行政主管部门负责主要污染物排污权交易的指导、管理和监督。河北省环境保护行政主管部门对主要污染物排放权交易实施统一监督管理,根据河北省主要污染物排放总量控制规划和经济社会发展战略要求,制订主要污染物年度许可排放量使用计划。河北省和设区的市环境保护行政主管部门负责搭建本行政区域的主要污染物排放权交易管理平台,承担主要污染物排放权交易的技术性、事务性工作,并参与主要污染物排放权交易活动。

九、优先条件

主要污染物排污权优先保障国家产业政策鼓励类和河北省实施产业结构调整、转变发展方式战略重点中优先培育的产业。

十、交易范围

适用于河北省行政区域内主要污染物排污权的交易及其管理活动。建设项目需要新增主要污染物年度许可排放量的,必须通过交易取得。下述单位不得参与交易:非合法的排污单位、不符合产业政策的排污单位、污染限期治理期间的排污单位、有重大环境违法行为的排污单位、被实施挂牌督办的排污单位。

2015 年 10 月 19 日,河北省人民政府办公厅下发《关于印发河北省排污权有偿使用和交易管理暂行办法的通知》。

第三节 河北省排污权交易的试点情况

2011 年 5 月,河北省被确定为主要污染物排污权有偿使用和交易试点省。被确定为试点地区后,河北省出台相关办法,提出自 2011 年 5 月 1 日起,建设项目需要新增主要污染物年度许可排放量的,必须通过交易取得。排污权交易实行省、设区市两级管理。省及省以上环境保护行政主管部门审批的本省建设项目的排污权交易、跨设区市的排污权交易,以及火电企业的排污权交易,由省排污权交易管理机构组织进行,其他的排污权交易由各设区市排污权交易管理机构组织进行。“十二五”期间,河北省将进行排污权交易的主要污染物种类包括化学需氧量、氨氮、二氧化硫、氮氧化物 4 项。排污权交易量的主要来源包括:排污权初始分配时地方政府的预留量;对有偿获取排污指标的企业,因转产、关闭或通过调整产业结构、改进工艺、深度治理等,腾出指标的回购量;对无偿取得排污指标的企业,因上述情况腾出富余指标的回收量;对因环境违法行为被责令关闭、取缔的企业强制回收的排污指标。

交易基准价由河北省价格主管部门会同河北省环保厅确定并定期公布;市场成交价格不得低于交易基准价。2011 年 5 月河北省物价局、河北省环保厅通过对企业走访调研和污染成本技术核算等方式确定了化学需氧量和二氧化硫排放权交易基准价,初定二氧化硫基准价 2 000 元/吨、化学需氧量基准价 2 500 元/吨,为河北省开展排污权交易提供了重要的价格依据。为此,河北省制定了一系列反映环境资源“有限、有价、有偿”的交易制度,并于 2011 年 10 月 19 日实施了首笔省级排污权交易,此后进入实质操作阶段。2012 年 9 月,为加大排污权交易对污染减排工作的支持力度,并适应“十二五”期间我国新增主要污染物约束性指标要求,河北省将化学需氧量的基准价由每吨 2 500 元提高至 4 000 元,二氧化硫的基准价由每吨 2 000 元提高至 3 000 元,并确定氮氧化物排污权交易基准价试行价格为

4 000 元/吨,氨氮为 8 000 元/吨。同时,河北省对排污权交易的收益也做出了明确规定:转让无偿取得的排放权所得收益,按照转让方的隶属关系向同级财政缴纳出让金。

2012 年 11 月 1 日起,河北省煤炭、石化、化工、黑色、有色金属及制造,非金属矿采选及制品制造,轻工、医药、纺织化纤等行业国批和省批建设项目,需要新增主要污染物年度许可排放量的,必须通过交易取得。

河北省选择了重点行业和区域先行先试,在电力行业重点开展二氧化硫和氮氧化物排污权有偿使用和交易,在沿海隆起带(主要包括秦皇岛、唐山、沧州 3 市)试点区域,重点开展化学需氧量、二氧化硫排污权有偿使用和交易。据统计,截至 2012 年 7 月,河北省排污权交易共进行 81 笔,成交金额 805.78 万元。随着交易的开展,越来越多的企业开始认识并接受排污权交易这项新的环境经济政策。一些非试点市也开展了先期准备,如邯郸市政府已经向当地环保局拨付 1 000 万元专项资金用于交易指标的储备,衡水市也已形成了初步方案。2017 年 8 月河北省共完成排污权交易 231 笔,交易金额 1 164.16 万元,交易化学需氧量 379 吨,氨氮 63 吨,二氧化硫 809 吨,氮氧化物 922 吨。2017 年 9 月河北省共完成排污权交易 434 笔,交易总额 1 834 万元,其中石家庄市 649 万元,唐山市 446 万元。2017 年 10 月河北省共完成排污权交易 317 笔,交易总额 3 102.56 万元,其中石家庄市 549.25 万元,唐山市 511.91 万元,邢台市 243.92 万元。2017 年 11 月河北省共完成排污权交易 262 笔,交易总额 4 329.59 万元,其中石家庄市 1 781.10 万元,邯郸市 733.78 万元,唐山市 530.46 万元。2017 年 12 月河北省共完成排污权交易 343 笔,交易总额 2 951.82 万元,其中石家庄市 1 819.65 万元,唐山市 293.30 万元,邯郸市 255.38 万元。2018 年 1 月河北省共完成排污权交易 300 笔,交易总额 2 286.78 万元,其中唐山市 583.07 万元,衡水市 503.64 万元,邯郸市 479.45 万元。2018 年 2 月河北省共完成排污权交易 174 笔,交易总额 820.41 万元,其中邯郸市 297.96 万元,张家口市 243.03 万元。2018 年 3 月河北省共完成排污权交易 203 笔,交易总额 1 877.14 万元,其中石家庄市 789.51 万元,邯郸市 555 万元,辛集市 218.06 万元。

2018 年 1 月,河北省物价局、河北省财政厅、河北省环保厅依据《河北省排污权有偿使用和交易管理暂行办法》规定,公布了河北省 2018—2020 年度主要污染物排放权交易基准价格。其中,主要污染物排放权交易基准价为交易底价,市场成交价不得低于交易基准价。

据了解,排污权交易是在满足区域环境质量要求和排放总量控制前提下,排污单位与排污权交易管理机构之间或者排污单位之间,在指定的排污权交易平台进行排污权指标购买或者出售的行为。河北省 2018—2020 年度主要污染物排放权交易基准价格为:二氧化硫 5 000 元/吨,氮氧化物 6 000 元/吨,化学需氧量 4 000 元/吨,氨氮 8 000 元/吨。这一基准价格与河北省 2016—2017 年度基准价格相同。

按照河北省相关法规规定,现有排污单位要实行排污权有偿取得,新建、改建、扩建项目新增排污权,原则上要以有偿方式取得。排污单位对其有偿获取的排污权,在规定期限内具有使用、转让和抵押等权利。

通过新建、改建、扩建处理设施和提标改造、清洁生产、淘汰落后产能等方式减少重点污染物排放量,既可用于自身生产需要,也可将结余的排污权指标进行交易、租赁、限期储备或者申请省、设区市和省直管县(市)环境保护主管部门回购。排污权交易应在自愿、公平、有利于环境质量改善和优化环境资源配置的原则下进行。

排污权有偿使用和交易试点期间,交易价格由交易双方协商或通过公开拍卖方式确定,但不得低于河北省物价、财政、环保主管部门制定的排污权交易基准价格。

一、唐山市试点情况

(一)总体情况

2008年8月,唐山市启动了排污权交易模式研究工作,先后对国内排污权交易试点城市进行实地考察;2009年1月,开展了唐山市建立排污权交易市场对策研究,对唐山市排污权交易的模式、程序、指导价格等进行研究,为开展排污权交易提供理论和技术支撑;2009年8月,制定《唐山市主要污染物排污权交易办法(试行)》并上报市政府,经反复讨论修改,2010年9月20日,唐山市政府常务会议讨论通过《唐山市主要污染物排污权交易办法(试行)》。

2009年12月,注册成立唐山市污染物排放交易所,注册资本为1 000万元,为国有独资企业。该交易所是唐山市政府为出让方和需求方搭建的排污权交易平台,在市环境保护行政主管部门指导下从事主要污染物排污权交易服务工作。自2009年8月唐山市在全省率先试行排污权交易起,截至目前,唐山市通过双方协议、部门认可等形式,已实现排污权交易60笔,总交易额约8 000万元,解决了一批重点建设项目急需的污染物排放总量指标问题。

(二)交易模式

唐山市排污权交易遵循实用和效率优先的原则,简化交易程序,按照"减排量收储,上项目买量"的原则建立交易模式。具体介绍如下。

交易指标纳入排污权交易的主要污染物,是指目前国家实施排放总量控制的主要污染物,包括化学需氧量和二氧化硫等。

交易主体出让方是通过实施污染减排措施并被市级以上环境保护行政主管部门认定获得减排量的企业;需求方是经环境保护行政主管部门批准需获取新增排污权的建设项目(包括新、改、扩建项目)。实施排污权交易的双方不免除应承担的其他环保法定义务。

交易程序注重实用优先,按照统一收储的原则设定交易程序,企业将经上级环保部门认定的减排量交环保局统一储备管理,环保局再交由污染物排放交易所待售,新建项目单位通过污染物排放交易所向减排企业出资购买排污权。

指导价格本着与治污成本持平的原则确定交易指导价格,初始实施排污权交易时允许双方在指导价格的基础上合理协商。

申购数量按照河北省政府《关于推进污染减排的实施意见》确定新建限制类、允许类项目的排污权申购数量比例为1:2,对鼓励类项目的排污权申购数量比例为1:1。

交易范围为控制区域污染物排放总量,鼓励各县(市)区政府完成减排任务,原则上新建项目优先在所在县(市)区范围内购买排污权,特殊情况可以跨县(市)区交易,但交易价格要适当提高比例(1.5~2.0倍)。

为保障可交易排污权的来源,促进企业或县(市)区政府尽早完成减排项目并出让排污权指标,设定了排污权交易优先及强制条件。优先条件是指优先向曾经出让排污权的排污单位倾斜,优先向国家产业政策鼓励类和唐山市优先培育发展的主导产业倾斜;优先考虑可交易排污权的储备时间顺序、数量、同一区域范围等因素。强制条件是指企业减排量指标统一由环保部门储备管理交由交易所代售,如减排企业不同意储备管理,闲置期超过一年的总量减排指标作废;通过交易获得的排污权,闲置期超过国家或河北省规定的时限,由交易中心进行转让或无偿收回。

环境保护行政管理部门对企业排污权交易负有监督管理责任,保障排污权交易的顺利进行。

二、秦皇岛市试点情况

2011 年 5 月,财政部、环境保护部将河北省列为主要污染物排放权有偿使用和交易试点省,河北省环保厅、河北省财政厅又将秦皇岛市列为河北省主要污染物排放权有偿使用和交易试点市,重点开展化学需氧量和二氧化硫主要污染物排放权有偿使用和交易。在改革试点中,秦皇岛市完善排污许可证制度,研究、探索、建立主要污染物排污总量初始权利有偿分配和排污权交易制度。

2012 年 5 月,秦皇岛市出台了《秦皇岛市主要污染物排放权交易管理试行办法》等一系列文件,确立并委托秦皇岛市排污权交易管理中心为秦皇岛市主要污染物排污权交易机构。

2012 年 5 月 31 日,秦皇岛市举行主要污染物排污权交易启动仪式,并成功完成两笔排污权交易,一家大型企业经过 7 次出价,以每年 3 400 元/吨的价格竞标到 1.5 吨化学需氧量的 5 年排放权;又经过 5 次出价,以每年 2 500 元/吨的价格竞标到 0.4 吨二氧化硫的 5 年排放权。这标志着秦皇岛市排污权有偿使用和交易进入实施阶段,同时也成为河北省内继唐山市之后第二个开展排污权交易的设区市。

三、沧州市试点情况

沧州市 2011 年 5 月被河北省环保厅、财政厅列为河北省主要污染物排放权有偿使用和交易试点市,重点开展化学需氧量和二氧化硫主要污染物排放权有偿使用和交易。2012 年沧州市环保局拟订了主要污染物总量控制和排污许可证制度并组织实施;提出全市总量控制计划;考核总量减排情况;负责全市环境统计和污染源普查工作。沧州市环保局正在积极选好突破口、制定激励政策、筹集交易指标,抓紧启动试点工作。

四、保定市满城县试点情况

2008 年 5 月,保定市满城县在造纸行业中启动排污权交易试点工作,出台了《造纸行业污染物排污权交易办法(试行)》,建立了交易储备中心和交易平台,以招标和挂牌拍卖、固定价格等形式,在造纸企业整合中实施化学需氧量和二氧化硫排污权交易,化学需氧量指导价格 6 万元/吨,二氧化硫 2 万元/吨。目前,满城县已实现排污权交易 6 笔,总交易额 110 万元。通过排污权交易,共促成收购、兼并关停企业 22 家,转产企业 40 家,行业退出企业 70 家,在污染物排放总量控制的前提下,促进了造纸产业的上档升级和平稳过渡。

第四节 河北省排污权的交易状况

一、交易笔数

根据对河北省排污权交易情况的调查与统计,从 2008 年最初实施排污权交易到 2012 年 7 月,全省排污权交易共进行 81 笔。其中发生在唐山市的交易笔数最多,为 60 笔。其中,各试点城市交易所(交易中心)企业之间排污权累计交易笔数情况如表 12 – 7 所示。

表 12 – 7 河北省各试点城市交易所(交易中心)企业之间排污权累计交易笔数情况

试点城市交易所/交易中心	实施时间	交易笔数
唐山市污染物排放交易所	2009 年 8 月 ~ 2012 年 11 月	60
秦皇岛市排污权交易管理中心	2012 年 5 月	2
保定市满城县排污权交易储备中心	2008 年 5 月	6
河北省环境能源交易所排污权交易中心	2011 年 10 月	4

二、污染源交易量

目前,河北省企业层面的排污权交易污染源为二氧化硫和 COD(化学需氧量)。其中从实施排污权交易以来,关于试点城市 SO_2 的累计交易数量为 6 333.2 t,关于 COD 的累计交易数量为 1 845.182 t。其中,河北省各试点城市交易所(交易中心)企业之间排污权累计交易数量情况见表 12 – 8。

表 12 – 8 河北省各试点城市交易所(交易中心)企业之间排污权累计交易数量情况

试点城市交易所/交易中心	SO_2/t	COD/t	合计/t
唐山市污染物排放交易所	4 434.4	1 843.682	6 278.082
秦皇岛市排污权交易管理中心	0.4	1.5	1.9
河北省环境能源交易所排污权交易中心	1 898.4	–	1 898.4

三、交易金额

截至 2012 年 11 月,河北省企业之间排污权累计交易金额总计为 805.78 万元。其中,河北省各试点城市交易所(交易中心)企业之间排污权累计交易金额情况见表 12 – 9。从数据分析可以看出,在河北省正式实施排污权交易试点工作以来,排污权交易所涉及的污染源数量还较少。

表 12－9　河北省各试点城市交易所（交易中心）企业之间排污权累计交易金额情况

试点城市交易所/交易中心	SO₂/万元	COD/万元	合计/万元
唐山市污染物排放交易所	2 173.4	1 558.206	3 731.606
秦皇岛市排污权交易管理中心	0.5	2.55	3.05
保定市满城县排污权交易储备中心	—	—	110
河北省环境能源交易所排污权交易中心	398.38	——	398.38

第五节　河北省排污权交易中存在的问题

河北省在推进试点中取得一些经验，但是排污权有偿使用和交易作为一项新政策，还有许多问题需要研究、探索。

一、总量控制难以落实

目前存在总量控制的规定与排污权交易立法脱节的现象，排污权交易政策没有和总量控制规定形成有效的结合。总量控制对企业而言，决定了"排污权"作为环境资源的稀缺程度，直接关系企业是否参与排污权交易的决策。从排污权交易来看，省市总量控制任务的分解与下达存在主体不明、责任不清、目标模糊等情况，会导致排污企业对未来较长时期内总量减排难以预期。

二、初始排污权分配不合理

目前，我国湖北省、湖南省、江苏省、浙江省均已实施排污初始指标有偿发放的方式并做出了相应的立法规定。河北省试点主要集中于企业新增主要污染物排放量，可通过与其他企业交易获取，而污染物有偿使用还没有全面铺开，企业每年排污权指标的获取靠行政分配无偿取得。

三、排污权定价方式单一

目前，排污权交易的价格实行政府指导价格，政府对于交易行为和交易价格的干预过多，无法发挥市场的自由调节作用和效率配置作用，直接导致企业参与市场主动性过低。根据现有的污染治理成本作为定价依据，通过平均或加权获得最终的价格，不能与不同的企业环境管理决策模式有效对接，没有对企业形成更有力的激励作用。

四、排污权储备制度缺失

目前，河北省排污权交易启动的是二级市场，也就是企业新增的主要污染物排放量通过与其他企业交易获取，而主要污染物有偿使用即排污权一级市场还没有启动，企业每年排污权指标的获取还是靠行政无偿取得。尽管二级交易市场已经启动，但是河北省仍缺少指标储备、区域流转等相关政策，今后运用储备指标宏观调控二级交易市场等没有政策支撑。对因环境违法行为被责令关闭、取缔的企业强制回收的排污指标,是二级交易市场交易量的主要来源之一,但是在实际执行中,还需要有清晰的财政政策和合法程序作支撑。

五、排污权交易市场化程度较低

河北省排污权交易的平台主要是依托现有的产权交易所、能源期货交易所为平台开展排污权交易。这类交易平台大都有政府背景,甚至本身就是政府的事业单位或者直接投资和控股的,明显的缺陷是缺乏专业性和针对性,以及市场化运作的机制基础,并且容易形成较高的交易成本。现有的排污权交易平台,服务水平参差不齐,服务内容五花八门,很多还承担了政府的职能,较少能够完全市场化运营。

六、企业排污权交易动力不足

一些规模较小、利润率较低的企业,生产技术较为落后,环保意识较差,违规排污现象严重,通常会逃避和推诿环保责任。同时企业因为缺乏对排污权交易的正确认识,出于自身长远发展或打击和限制竞争对手的目的,一些企业即使拥有多余的排污指标也不愿意出让,导致排污权市场供不应求,影响市场的活跃。

交易动力不足的主要原因是目前排污企业之间使用的排污设备和技术都很类似,政策又缺乏激励的手段,企业之间的边际治污成本相差不大,企业通过排污权交易获得交易收益较低,因而企业之间通过交易降低治污成本的优势无法实现。

此外,违规成本过低也是企业动力不足的原因之一。我国普遍对企业偷排、超排的处罚过轻,"违法成本低,守法成本高",企业购买排污权的积极性必定受挫。河北省可以仿效浙江省的做法,在企业违规处罚方面,对超过所持有排放指标排放污染物的,超排指标按至少3倍于有偿使用价格进行惩罚性购买;超出排放指标50%及以上的,在惩罚性购买的基础上按有关规定进行处罚。

第六节　本章小结

河北省的黑色金属冶炼及压延加工业,电力、热力的生产和供应业是产生污染的主要行业。2010年河北省开始实施排污权交易,明确规定了交易的基本原则、战略定位、指标来源、交易方式及交易的全过程管理,并探索了交易管理新模式,鼓励主要污染物年度许可排放量在改善生态环境质量的前提下跨区流转。在沿海隆起带(主要包括秦皇岛、唐山、沧州3市)试点区域,重点开展化学需氧量、二氧化硫排污权有偿使用和交易。从2008年最初实施排污权交易到2012年7月,河北省排污权交易共进行81笔。试点城市二氧化硫的累计交易数量为6 333.2 t,COD的累计交易数量为1 845.182 t。截至2012年11月,河北省企业之间排污权累计交易金额总计为全省成交金额805.78万元。2017年12月,河北省单月共完成排污权交易343笔,交易总额2 951.82万元,其中石家庄市1 819.65万元、唐山市293.30万元、邯郸市255.38万元。

河北省在推进试点中取得一些经验,但是排污权有偿使用和交易作为一项新政策还有许多问题,如总量控制难以落实,初始排污权分配不合理,排污权定价方式单一,排污权储备制度缺失,排污权交易市场化程度较低及企业排污权交易动力不足等。

第十三章 河北省排污权交易
制度体系的优化

第一节 政府的角色定位

排污权交易理论暗含着一个假设,即排污权交易的供给方和需求方会在没有政府参与和监督的情况下自发形成市场。排污权交易作为一种以市场配置资源为主的环境管理方式,必须突出市场的作用。排污权交易核心机制的发挥需要政府在事前、事中、事后全流程提供制度基础和创造平台。事实上,若没有政府强制性的环境执行标准和对排污权价值的初始化认定,任何企业都不可能产生对环境权证的需求,不付出任何成本的用能和污染是各企业的理性选择。因此,尽管排污权交易的最有效运作方式是进行市场化交易和管理,但政府在其运作前期、过程及后期的作用不可忽视。

政府适度干预排污权交易的前提是定位准确,明确其在排污权交易市场中的角色。简单地说,政府在排污权交易运作中的作用就是通过一定的制度安排实现外部性的内部化,即由政府的排污权交易变成企业(包括个人)间的市场交易,从而发挥市场价格发现机制的资源配置作用。具体而言,在排污权交易活动中,政府应扮演好以下三大角色,即市场引导人、市场服务人、市场监管人。

一、市场引导人

排污权交易制度在河北省的实施才刚刚起步,会有不少企业和组织对这项制度的权威性、有效性及持久性持怀疑和观望的态度。此时,政府应该发挥其市场引导人的作用,从制度安排上采取措施,消除顾虑,引导排污权交易市场的逐步建立。这些措施主要包括确定大气环境容量。环境问题产生的根源是大气环境被人们当成可以免费使用的公共产品,为解决这一问题,首先要明确大气环境容量的有限性。政府作为公共权力的行使者,应该承担起确定大气环境容量的任务。首先要根据国家发展规划要求,运用科学的方法和标准计算确定河北省大气环境可容纳的污染量,再按照一定的削减比例确定允许排放量,为排污权交易创造前提,实现总量控制的目标。

(一)确认环境产权

建立排污权交易市场,就要使排污权像商品一样具有稀缺性,要明确利益主体,确定排污权的归属。在此,政府的作用是将排污权赋予排污者,在河北省排污权交易体系中,就是将污染物在各地区之间进行分配。这种排污权具有排他性、可分割性和可量化等特点。排污权的量化就是将赋予排污主体的权利以数量的形式表示出来。排污权的排他性是指一且将某一特定数量的排污权赋予某一特定排污主体,其他主体就不能同时使用,这里的排他性类似于商品的排他性;排污权具有可分割性,排污权交易要求交易的排污权在技术上是可以计量的,继而也是可以分割的。排污权的可计量性、排他性和可分割性为排污权的分配、界定和市场交易奠定了基础。

(二)制定交易程序和交易规则

排污权交易市场的顺利运行需要完善的交易程序和规则作保证。政府作为交易的第三方,其所制定的排污权交易程序和规则既要保证排污权交易市场的顺利发展,又要保证政策目标的实现。在河北省排污权交易体系中,政府制定的程序规则应该包括一般的市场规则,用于维护市场的效率性和竞争性;专门的交易规则,用于实现环境总量控制的目标。

二、市场服务人

排污权交易市场建立初期离不开政府的参与,但政府的参与不是管理排污权交易市场,而是为排污权交易市场服务。政府对市场的管理会影响市场作用的发挥,从而使排污权交易的公平性受到制约。在河北省排污权交易体系中,政府提供的服务包括如下几方面。

(一)制定、修改和完善相关法律法规和标准,使排污权交易有法可依、有规可循

政府只有及时制定、修改和完善相关排污权交易的法律法规,从法律上引导和促进排污权交易向市场方向发展,才能使排污权交易达到最优效果。相关法律法规应该包括污染物总量控制制度、排污权初始分配方案、许可证管理办法、管理体制、交易规则、违法成本等。此外,政府要避免过度干预排污权交易市场,减少交易行为的随意性,提高交易效率。

(二)收集交易信息,降低交易成本

对任何市场而言,信息不充分都会导致资源不能得到有效配置,在排污权交易市场上,信息不充分往往会导致交易成本增加、交易成功率下降。在排污权交易市场建立初期,一般由政府担负起提供信息的责任,政府要及时收集有关排污权交易的信息,并适时公布,以减少交易成本,为企业决策提供依据。河北省排污权储备管理中心作为排污权交易的主要平台,在提供信息、降低成本方面发挥了巨大作用。

(三)管理排污许可证

在排污权交易体系下,政府只提供管理许可证的服务,并不干预企业的微观经营,这样不仅能够激发企业生产经营的积极性,而且能对企业的排污情况进行监督。具体说来包括审核交易主体资格、监测交易合同履约情况、对参加排污权交易的所有单位进行年度许可证调整和审核等。

(四)处理特殊情况

在排污权交易过程中,不可避免会出现一些特殊情况,如排污企业破产、被兼并等,这

些情况在市场经济发达的美国二氧化硫排污权交易中也出现过,针对排污权交易市场上出现的特殊情况,政府应当建立应急处理机制,以迅速有效地处理特殊状况,保证排污权交易市场的顺利运行。

三、市场监管人

排污权交易对管理者的要求不仅反映在交易规则的制定、交易程序的设计上,在排污权交易市场建立以后,更是要求政府实施严格的监督管理,否则设计再精良的排污权交易制度也无法起到实际的作用,只能流于形式。政府的监管工作主要包括监管交易市场、监测企业排污、惩罚违规行为。

(一)监管交易市场

在排污权交易双方成交后,政府要督促交易双方履行交易合同、履行交易时双方承诺的责任和义务,要实现这些目标需要建立排污权登记系统,在排污权登记系统中,所有排污权的发放、转让和上交都要经过该系统进行登记,这样便可以监督排污权的交易和掌握排污权的去向。政府除了对交易双方交易情况进行监管,还需要对交易平台进行监管。在河北省,排污权储备管理中心作为河北省环保局设立的管理机构,虽然承担一部分的政府职能,仍需要上级部门对其进行监督管理,使其明确职责范围,规范有序运作。

(二)监测企业排污

除了对排污权交易的监督,准确的排污监测是保证企业守法的关键所在,只有确实保证了每份排污权与每吨二氧化硫排放量的对应关系,排污权作为可交易商品的属性才能真正存在,所以,监测水平在实施排污权交易中发挥着举足轻重的作用。考虑到参加交易的企业在规模、实力等方面的差异,可以采用两级监控措施。对于大型重点污染企业,要求企业自行安装排污监测设施,环保部门只要保证监测设备正常工作,实时对企业的排污监测系统进行监督和检查,及时准确地掌握企业的实际排污信息。如果资金充足、技术条件成熟,还可以要求这些企业配置排污联网自动监测系统,使环保部门能更加准确及时掌握企业排污信息,还能减少企业瞒报、错报行为的发生;对于较小型的污染企业,没有足够的资金安装监测设备,这时可以采用近似估计的方法测量企业的排污情况,比如对污染源不定时抽样检查,对于这类企业,一旦发现有违规排污的行为,对其的惩罚力度将非常大,使企业的违规成本远远大于违规获得的利益,以减少企业违规排污的行为。

(三)惩罚违规行为

理论研究和实践经验均证明,超排者、偷排者一经查实,其受到的处罚费用必须远远高于排污者在二级市场上购买排污权的费用或自行治理的费用时,超排者、偷排者才会真正感到压力,法律的严肃性才能得到保障。政府要明确制定违规处罚的标准,以维持交易秩序,保证交易市场的稳定与安全。

第二节　河北省排污权交易的制度框架

河北省的排污权交易才刚刚实施,排污权交易制度相对不完善。本书在充分考虑我国现有交易市场和未来发展的情况下,参照欧美等发达国家以及国内先进地区的交易市场制度对河北省的排污权交易市场制度进行了改进,以提高污染减排和治理的效率,详见图13-1。

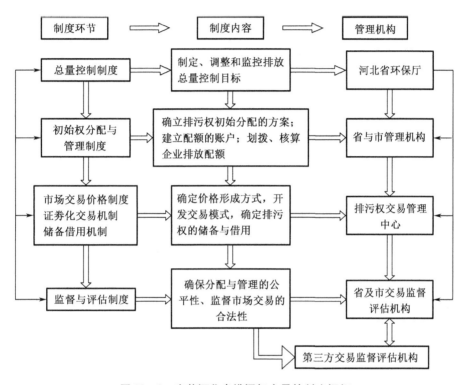

图 13-1　完善河北省排污权交易的制度框架

第三节　总量控制机制

一、总量控制模式的优缺点

总量控制模式是河北省现有的排污权交易采取的模式。其一般思路是通过总量核定、有偿分配为特定区域或者流域中的排污者提供排放总量的上限,以及具体到每个排污者的排放上限。

总量控制模式要求企业必须在达到环境标准的前提下满足排放总量不超过所提供的上限标准。由此污染治理水平较高的排污者就可以通过自身的排污技术削减满足正常生产经营所需的排污量,从而将合法的排污上限指标与实际所需指标之间的差额放到交易市场上出售,换取经济收益;而分配到排污指标不能满足生产需要的排污者或者治理污染水平较低的排污者,就可以在排污权交易市场上购买排污指标,在满足正常生产经营的同时,不超过排污上限的要求。

这种模式的目的在于总量控制,其现实意义在于通过交易平台的建立,使排污指标所有者能够互通有无,满足各自所需,而不进一步破坏环境;其技术关键在于交易之前的初始分配工作和定价程序的有效实施。采取总量控制模式优势在于,在开展初期可以快速有效地推进法律法规、管理制度与信息平台的建立,能够建立起较为规范的有偿使用制度与交易市场,完整实践排污权从初始定价、有偿分配到交易完成的全过程。劣势在于,未跳出传统管理观念的束缚,政府干预太大,给未来留下太多隐患。

二、信用削减模式

信用削减模式则给了排污者在相同总量控制额度条件下一种更有利的经营方式。在总量控制限度方面它与总量控制模式相同,所不同的是若排污者能通过自身的努力,在满足相同经济效益的同时削减排污指标使用量,这可以将削减部分的排污指标出售以换取经济利益。这种方式在同样满足经济增长不以破坏环境为条件的前提下,会使排污者将更多的精力用于治理污染,将更多的热情用于参与排污权交易。这种模式另一个好处是使政府在交易中更具人性化,角色更倾向于导师而非强权主义者。同时这种模式会涉及排污中介机构和排污交易信息传播媒介,会大大地提高公众的参与度,对排污权交易的进一步开展很有益处。

该模式无疑更具有市场自主性与效率,使得政策实施更加灵活与多样,能够直接快速地建立排污权交易二级市场,在有偿使用理论与实践均不成熟的情况下暂时回避技术问题直接开展排污权交易。河北省的排污权交易中排污总量迟迟不能落实,原因之一就在于采用的是总量控制模式而非信用削减模式,制约了企业参与交易的动力。

第四节　初始权分配机制

排污权的初始分配是排污权交易的起点和难点,影响着企业的经营成本、企业可上市交易的排污许可证数量。因此,排污权的初始分配的科学合理与否直接影响到排污权交易制度效率的高低。目前,排污权初始分配有三种基本方式,即免费分配、公开拍卖和固定价格出售。这三种基本方式各有各的特点,分别适用于不同的条件。河北省在排污权初始分配中主要采用的是免费分配方式。针对河北省的实际情况来看,究竟采取何种方式更合理呢?

一、无偿与有偿分配的比较

排污权的有偿分配方式与无偿分配相比,不仅更为公平和高效,也更有利于实现环境的保护,是比较可取的一种方式。

第一,有偿分配方式变相地提高了企业进入市场的门槛,可以对污染严重、经济效益低下的落后企业构成有效的限制。

第二,有利于激励排污单位自觉削减排污量,以便减少购买排污权的费用,发挥市场对环境资源的优化配置作用。

第三，这种方式消除了排污者和未来排污者的不平等现象的发生，实现经济上的地位平等。

第四，有偿分配有利于防止政府权力寻租，有效杜绝地方政府为了地方经济利益放任排污者超标排污的现象。

第五，有偿分配方式有利于实现国际间的公平竞争。我国当前向发达国家输入大量的初级产品，在无偿取得排污权的情况下，这些产品的价格里没有包含环境代价。相反，发达国家向我国输入的工业产品里却包含了该国付出的环境代价。这种不公平的贸易现状也有待于排污权的有偿分配加以改变。

二、排污权初始分配方式的选择

无偿分配方式和有偿分配方式哪种方式更合理、更符合我们的国情，不同的学者持不同的意见。一部分学者积极主张采取有偿的分配方式；另一部分学者从我国实际情况出发，应采取免费的方式分配，在免费分配中可以采用协商的分配方式进行初始排污权分配，即政府将待发放的初始排污许可证的数量告诉排污企业，要求他们自行协商谈判进行分配，如果达成一致意见，就执行分配方案，否则双方都得不到免费的许可证。也有一部分学者认为，我国各地区经济水平不同，配套的法律制度整体不完善，无论分配方式是采取政府无偿分配或政府定价都有分配不公和排污权被垄断到大企业的可能，因此针对我国国情应实行以拍卖为主和鼓励性政策为辅的方式来完成排污权初始分配。

通过前面对不同排污权初始分配模式的比较和分析，考虑到各种分配方式存在的优缺点，并结合国内外理论界的研究成果，本书认为，虽然有偿分配方式有诸多优点，但根据目前的国情和实践（排污权交易制度在我国还处于起步阶段，在发展实践过程中尚存在很多问题，还没有真正形成统一的排污权交易政策体系和规范的市场），河北省在排污权初始分配的选择上可以采取灵活的方式，前期以无偿分配为主，逐步在某些区域开展有偿分配方式，并逐步向更完善的排污权初始分配制度过渡。这是因为，采取无偿分配模式可以不改变现有的排污权分配总体格局，实现排污权交易制度和现存排污收费制度的对接。而且无偿分配排污许可的做法也有很长的历史，如果立刻全面采取有偿分配的方式，不仅会对企业的生产成本造成巨大的压力，也会产生较大的抗拒心理。

三、无偿向有偿转变的运作方式

推行现有排污单位的排污权有偿使用，政策执行难度大。一旦实施不当，必然会遭到不少企业抵触，影响整个交易制度进程。初始权从无偿分配向有偿分配的转变，可以参考以下方式。

一是可以先按历史记录将排污许可全部免费分配给现有企业，但同时规定一个较长的转化期。在此转化期内，企业可获得的许可逐年按比例地变为有偿取得，使企业有充裕的时间实现清洁生产，并减少对生产成本的冲击。转化期结束，从无偿取得向有偿取得的转轨也就完成了。另外，还可以采用差别化价格策略，对现有企业和新企业制定不同的排污权价格，然后逐步过渡到同一价格。例如，嘉兴市初始排污权实行有偿分配，在新企业化学需氧量8万元/吨、二氧化硫2万元/吨的基础上，对于老污染源在统一有偿分配原则下，按新企业购买价格的 60% 实施,即化学需氧量 4.8 万元/吨、二氧化硫 1.2 万元/吨。

二是针对无偿分配方式,可以规定一定的标准。初始排污权的配置是环境资源使用权的配置,类似于土地资源的利用,可以参照国有土地使用权的配置方法来做。目前,我国通过无偿划拨和有偿使用对国有土地使用权进行配置。除法律、法规和规章规定有特殊使用目的的用地可以进行无偿划拨外,其余一律实行有偿使用。

三是可以将无偿分配作为一种激励机制,即对一些表现突出的企业可以奖励一定份额的污染物排放许可指标。奖励对象可以是积极减排、自主提高治污水平的企业,也可以是在税收、就业安置等方面表现突出的排污企业。

第五节　交易价格机制

一、排污权交易的价格体系

排污权交易价格体系包括排污权初始分配价格和再分配价格,即一级市场价格和二级市场价格。一级市场价格主要出现在下面几个环节。①初始分配价格无偿分配时为 0;定价出售时由行政部门确定;公开拍卖时底价由行政部门确定,最终交易价格由拍卖竞价产生。②政府储备排污权价格为了控制辖区内污染物的排放及排污权的总量,政府会储备一部分排污权,这些排污权一般会设置一个较高的价格。在国内外排污权交易实践中,二级市场价格均主要由买卖双方磋商形成,或在二级市场拍卖过程中确定。其中,国内二级市场公开拍卖的底价往往由行政部门确定。

一般认为,不仅再分配价格计算的理论基础应该合理、计算方式要科学,而且初始分配应该是有偿的,这样才能充分发挥排污权交易作为市场经济手段的最大效用,避免因价格设计的不科学对保护和改善环境造成负面影响。但是,排污权交易具有多方面的独特性,如排污权的内在价值难以度量,市场势力的存在可能使排污权交易价格大幅度偏离其内在价值,进而可能影响到排污权交易市场的充分发育。

二、市场价格机制构架

河北省排污权交易市场发展路线如图 13-2 所示。排污权的初始分配主要在政府与排污者之间进行,即"一级市场交易"。就河北省而言,是指河北省环保厅将全省范围内的排放量被分成若干标准的排放份额,规定每一份额为一份排污权,根据确定的初始排污权分配办法和标准,将排污权在 11 个省辖市之间进行免费分配,考虑到确定全省范围的排放总量主要是根据国家各个阶段发展规划中每年对各省排放量的约束性要求,因此第一层级的交易可以每年进行一次,由河北省环保厅制定统一法律法规、分配方式和分配数额,将排污权免费分配或者按照拍卖等混合机制分配到各个市。

排污权的交易主要在各地市的排污单位之间进行,即"二级市场交易",这一层级的交易主要由市场主导。河北省 11 个省辖市在免费获得一定的初始排污权后,如果需要排放更多的污染物,则在交易市场上购买所需要的排污权;如果通过关停重污染企业或引进新设备、新技术等减少二氧化硫排污量,有富余的排污权,则可以在交易市场上出售获利。交易市场一般有固定的交易场所和交易方式,排污权的交易价格由供求关系决定。由于以市场为主导,这一层级的交易更侧重于效率。

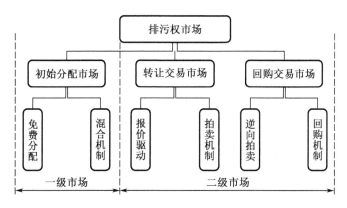

图 13 - 2　河北省排污权交易市场发展路线图

三、一级市场排污权价格的形成

(一)排污权价格的影响因素

在排污权交易制度下,排污权在市场上交易,必然受到供求关系等因素的影响,这些影响必然也会导致排污权价格的波动。具体因素主要有以下几方面。

1. 企业生产策略与排污企业数量的变化

排污企业生产策略的改变将直接影响其排污量的大小。如某一地区的电力需求增加,在技术条件不变的情况下,发电量的增加必将导致二氧化硫排放量的增加,相应地导致企业对二氧化硫排污权需求的增加;反之如果其电力需求减少,在其他条件不变的情况下,企业对于二氧化硫排污权的需求也将降低。现有排污企业由于某些原因退出市场,排污权交易市场的竞争必然没之前激烈,总的排污权需求量降低;但若新排污企业进入,排污权的需求一定是增加的,排污权需求增加必然促进排污权交易,影响排污权价格。

2. 污染治理技术进步

排污权交易制度一般能够刺激企业开发和利用治理污染新技术,污染治理技术的进步意味着企业平均边际治理成本的下降,在排污权总量不变的情况下,排污权价格将下降,而对于污染治理技术低的企业,其边际治理成本高,交易市场的竞争就相对激烈,排污权价格必然也提高了。

3. 政府环境目标和公众环保意识

政府要根据各地方经济发展状况和环境污染情况来决定环境保护力度,如果政府认为应该加大环境保护力度,降低污染物排放总量将减少排污权供给,在企业边际治理成本不变的条件下,排污权的价格将上升。相反,如果政府决定发展地方经济为首要考虑情况,或者认为环境自净能力没有得到充分的利用,降低总量控制目标,相应地增加排污权供给量,将导致排污权价格下降。

此外,随着公众对有良好生态环境的要求逐渐提高,可能对要进入排污权交易市场的部分排污许可证进行阻止,使得可交易排污权供给减少,将在一定程度上提高排污权交易价格。若公众环保意识薄弱,对于周围环境状况没有较高的要求,对于排污权交易关心程度不够,则将在一定程度上降低排污权交易价格。

4.预期因素

如上所述,企业的排污策略、治污技术、政府环境目标等因素会对排污权的市场价格产生影响。企业对一定时期内企业的排污策略、治污技术、政府环境目标等因素的判断,将使其对排污权市场价格的变动趋势产生不同的预期。不同的价格预期将导致企业不同的排污权交易策略,进而影响排污权市场的价格变动。若企业认为政府将减少排污权供给或排污权价格有上升趋势,会尽量将额外的排污权配额储存起来,以备将来扩大生产之用或在价格上升时出售,导致市场上可交易排污权供给减少。相反,如企业认为排污权价格有下降趋势,将可能导致当前价格下降。

(二)初始分配市场拍卖机制

政府可以选择不同的方式分配初始排污权,如免费分配、招标竞拍和标价出售等,并通过建立排污权交易市场使这种权利能够合法买卖。在这几种方式中,拍卖是建立在竞争基础上将稀缺资源分配给对其评价最高者的一种高效率市场机制。对排污权的初始分配采用拍卖方式,不仅能确保排污权能分配给最需要它们的竞价人,以及确保任何释放给市场的未分配的排污权都能获得好的估值,而且拍卖能在市场流动性低的条件下有效运作;交易过程透明度高,体现公平、公正原则,能减少排污权分配中的政治性争端;与固定价格出售方式相比,能吸引更多的企业主动参与。理论上,排污权拍卖具有私有价值拍卖和共同价值拍卖的双重属性,可采用静态拍卖和动态拍卖两种方式。在静态拍卖中,只有一轮秘密投标,这使得拍卖过程管理简单,但也意味着竞价人没有机会改变其竞价策略。在动态拍卖中,有多轮公开投标,基于前几轮的公开信息,竞价人有机会修改他们的投标价格。动态拍卖可以减少排污权共同价值的不确定性,促使竞价人更加积极地投标,而不会太惧怕"赢者诅咒"("赢者诅咒"原指赢标人的支付远高于拍卖品的真实价值,此处是指因竞标企业过高估计排污权的价值而徒增企业的治污成本)。

1.静态拍卖机制设计

总量控制下的排污权属于同质可分物品,在静态拍卖机制下适用的拍卖形式有统一价格拍卖、投标支付拍卖及威克瑞拍卖。

(1)统一价格拍卖

统一价格拍卖是指在规定期限内,竞价人就自己想要的排污权数量和愿意支付的价格进行秘密投标,最后由拍卖人确定供求相等的出清价格,所有竞价人对于他们赢得的排污权均以相同价格(市场出清价格)支付。在这种拍卖中,没有哪个竞价人可以单独影响市场价格,竞价高于出清价的竞标人都能得到想要的排污权,故这种价格机制公平且有效率。

(2)投标支付拍卖

投标支付拍卖也称价格歧视拍卖,与统一价格拍卖不同之处在于,赢标人支付的是自己的投标价格而非出清价,卖者获得剩余。这种拍卖的一大特点是,最优竞价取决于竞价人对出清价格猜测的准确性,而不是竞价人的边际价值,这就使得排污权不一定被最需要它们的竞价人买走,而是由估计市场出清价格最准确的竞价人获得,因此,这种拍卖的市场效率低于统一价格拍卖。

(3)威克瑞拍卖

威克瑞拍卖是在满足物品可替代且无预算约束的条件下,唯一的激励相容机制。所有竞价人的占优策略都是按自己的估价投标,出价高于出清价格的竞价人获得排污权,并支付其投标的机会成本(其他投标的最高拒绝价)。威克瑞拍卖的主要优点是即使参与者具有市场势力,它也能获得完全的经济效率,且不必惧怕"赢者诅咒"。但其也存在两大致命的缺陷:一是信息披露问题,竞价人可能由于害怕在其他交易中处于不利地位而不愿意向卖者报告他们的真实估价,且当竞价人有预算约束时,威克瑞拍卖的占优策略可能不存在;二是拍卖的复杂性和缺乏公平性。与统一价格拍卖相比,威克瑞拍卖的计算要复杂得多,且不鼓励小竞价人参与,缺乏公平性,因为小的竞价人以近似市场出清价格支付,而大的竞价人则以低于这个价格支付,竞价人赢得的数量越多,价格就越低。

2. 动态拍卖机制设计

面对共同价值的不确定性能有效避免"赢者诅咒"的动态拍卖机制,其另一个重要作用是价格发现功能。通常竞价人要决定对应于某个价格自己应该购买多少数量的排污权,花费的决策成本往往很高。动态拍卖通过提供暂定的价格信息,有利于竞价人掌握拍卖品的真实价格信息,轮次之间的休整时间可让竞价人重新调整出价策略,以减少决策成本,提高收益(收益 = 估价 - 支付)。动态拍卖亦有多种形式,对于出售排污权可采用向上叫价时钟拍卖或时钟 - 代理拍卖,这两种拍卖机制对竞价人和拍卖人相对来说易于理解,在促进价格发现方面都非常有效,且能使竞价人获得较高收益。

(1)向上叫价时钟拍卖

时钟拍卖是向上叫价拍卖的加速形式,拍卖时,拍卖人用一个数字时钟来显示拍卖品的价格,能有效减少动态拍卖的轮次、缩短拍卖的持续时间。拍卖人首先宣布一个初始价格,竞价人开始投标(表明在此价格上他们愿意购买的排污权的数量),当需求量超过用于此次拍卖的排污权数量时,拍卖人就将价格上调一个增量,竞价人再次竞标(重新表达在新价格下自己的需求数量),此过程不断重复直至没有过剩需求,在最终供求平衡的出清价格上竞价人被授予他们投标的数量。

虽然时钟拍卖比密封投标拍卖的成本要高,但其会产生更高的收益,足以抵消额外的成本。目前,该方式已被成功地应用于法国、比利时、荷兰、美国的电力拍卖,德国、法国和奥地利的瓦斯拍卖,以及英国和美国的排污权拍卖。

(2)时钟 - 代理拍卖

笔者建议的时钟 - 代理拍卖实际上分两种情形:一种叫做具有投标代理的向上叫价时钟拍卖,一般适用于同类多物品拍卖,而用于处理异类多物品拍卖,则被称作具有投标代理的同时向上叫价时钟拍卖;另一种是处理组合拍卖的向上叫价时钟代理拍卖,为了与前者区分开来,将后者称作向上叫价时钟代理组合拍卖。如当政府需要同时拍卖 COD(化学需氧量)、二氧化硫和二氧化碳等多种排放许可证时,因参与企业的生产工艺和治污成本的差异,这些排污权对他们来说可能具有替代性或互补性,也就是说他们对这些排污权的单独估价和组合估价会有所不同,此时,采取组合拍卖将会产生更高的效率和收益。

①具有投标代理的时钟拍卖。对同种排污权进行多轮动态拍卖时,竞价人可能更喜欢在整个拍卖中提交一条单独的需求曲线而不是在每一轮中提交出价,这种处理就是代理投标(代理人可以是电子代理也可由拍卖方担任)。该方式同时具有统一价格密封拍卖处理简单和动态拍卖价格发现、高效、高收益等特点,也是目前英国与欧盟排放交易规则建议采取的主要拍卖方式之一。

②时钟代理组合拍卖。向上叫价时钟代理组合拍卖实质上是一种混合动态拍卖机制,

它以改善价格发现的时钟拍卖开始，以利于提升拍卖效率的代理拍卖结束。在时钟拍卖阶段，竞价人直接投标直至所有的项目都没有超额需求为止；在终极代理轮中，竞价人将自己想要组合的估价告知各自的代理，由代理人依据最大化竞价人收益的原则进行多轮投标，每一轮结束时拍卖人都宣布能最大化拍卖人收益的暂时赢标，直到所有代理人不再提交新的投标为止。这种拍卖机制兼备了时钟拍卖简单、具有透明的价格发现以及代理拍卖的高效率等特点；与单纯的同时向上叫价拍卖相比，时钟代理拍卖没有暴露问题，能消除需求缩减的动机，并能阻止大多数竞价策略的合谋。但这种拍卖在处理较多种类拍卖品时，竞标语言复杂（如 OR 竞标语言、XOR 竞标语言和各种混合竞标语言等），且赢者决定问题是 NP 难度的，即优化问题没有多项式时间算法。

因此，污染物的排放问题采用具有投标代理的时钟拍卖比时钟代理组合拍卖可能更为合适，主要是前者拍卖所需时间较短、拍卖规则简单、拍卖程序易于理解和操作。

（三）初始排污权混合分配机制

混合分配是指部分排污权免费配给、其余的进行拍卖。建议河北省政府现阶段采用混合分配机制：一是因为在我国要实行完全拍卖确实还需要一段过渡时期，二是因为拍卖和免费的许可证可能有着不同的长期效率。Catherine 等人通过建模证明了排污权是否免费分配取决于污染损害函数的特性。由于污染物既导致局部损害，又产生全局损害，则一部分许可证免费，其余部分应该拍卖。这种情形最为常见，但如何确定免费分配的比例至今仍是一个未能解决的国际性难题。

四、二级市场排污权价格的形成

（一）影响二级市场价格的因素

二级市场上排污权价格的形成主要通过市场机制的作用自行实现。然而，不同市场条件下排污权交易二级市场价格的实现机制不同。影响排污权二级市场价格的因素主要有以下几点。

1. 交易成本

理论上，排污权交易市场被认为是一个完全的、无摩擦的市场，不存在信息不充分、交易不频繁、逐案谈判等问题。然而，真实世界的排污权交易市场普遍存在着交易成本。在存在交易成本的情况下，Stavins 和 Cason 认为，交易成本的存在使边际治理成本与排污权的市场价格不相等，从而影响到排污权交易的效率。当边际成本不变时，排污权的初始分配不影响交易价格、交易量和市场效率；当边际交易成本增加时，影响到企业的治理成本，使初始分配量多的企业的污染治理责任减少，导致均衡偏离；当边际交易成本减少时，会偏离有效均衡结果，出现交易价格下降，并接近于交易成本为零时的均衡价格、同时交易量增加。

2. 市场势力

在现实中，排污权交易市场上可能存在市场势力，在不完全竞争的市场条件下，原来的均衡将被打破。对于竞争性企业，Hahn 认为，排污权的最终分配量与初始分配无关；而在存在市场势力的情形下，当垄断企业初始分配量偏离排污权使用量时，市场会产生无效率。这类能够影响许可证价格的企业的交易动机可分为两类：一种是利润最大化动机，即某些具有影响排污权交易价格能力的企业通过对价格的影响使企业的治理成本和购买许可证的成本最小化;另一种是排他性动机,即某些企业囤积排污权,阻止新企业进入产品市场。尽管第二种行为在法律上会被政府的反托拉斯行动纠正,但在实际中,政府干预是存在时滞的。

3.经济增长

经济增长将导致企业对排污权需求的增加,如经济高速发展使得电力需求呈持续增长态势,二氧化硫排放量也将继续增加,导致对排污权需求的增加。而在排污总量控制条件下,排污权总供给保持不变,由此可能导致排污权价格上升。

（二）二级市场价格机制

与资本市场一样,河北省政府要真正发挥市场机制对环境资源的优化配置作用,也必须要有一个活跃的二级市场,即排污权转让交易市场。对于已在初级市场上取得一定数量排污权的企业,只要技术革新降低污染的成本低于将排污权在二级市场出售所获取的收益,就会产生促使企业进行技术改造、自主减排的激励作用。对于年度内的新建企业,河北省政府可以少预留甚至不预留排污权,因为新企业需要的排污权可到二级市场上去购买。同时,排污权在二级市场上的溢价也会促使新企业采用低排放水平的生产技术来获得利润。此外,一些民间环保组织或个人也有机会通过二级市场购进并注销一定份额的排污权,来改善环境状况。因此,一个健康、活跃的二级市场对河北省实施污染物总量控制环境政策来说十分重要。

在河北省政府目标一定的情况下,设计排污权转让交易市场机制通常应综合考虑五个因素,即市场流动性、交易量、双方交易的成本、实现好的价值和处理方法的持续性价值等。欧盟 ETS 推荐的方法是根据市场流动性强弱和市场容量大小这两个因素来决定是采用市场指令销售还是进行向上叫价时钟拍卖。欧盟 ETS 规定的标准是交易前一个月,如果待处理交易量高于 LEBA(伦敦能源经济公会)碳交易指数最后 5 天日均成交量的 5%,或是待处理交易量乘以 LEBA 碳指数最后 5 天平均销售价格超过 200 万英镑,建议排污权交易采用拍卖方式进行,反之采用市场指令交易。他们的理由是若待处理交易量高于 LEBA 碳指数成交量日均值的 5%,市场指令将会对价格产生大的负面作用,从而导致额外的交易成本。

在河北省乃至在中国,现阶段还没有一个像 LEBA 碳指数这样的参照标准来度量流动性,而且上述测量方法虽然简单、透明,但比较粗糙,在欧盟也已受到不少公众的质疑。因此,笔者认为,河北省在建立排污权转让交易市场的初始阶段,可采用报价驱动机制或双向拍卖机制;当流动性随着我国排污权交易市场的不断成熟稳步提升后,再视交易量的大小选择指令驱动机制或举行拍卖。

第六节 证券化交易机制

一、排污权证券化及其作用

资产证券化属于金融制度创新的产物,是指将缺乏流动性的资产,通过重新组合,并利用必要的信用增级技术,将其转换为在金融市场上可以自由交易的证券的行为,从而使其具有流动性,并且产生稳定而可预期的现金流收益。排污权资产证券化对河北省乃至全国的经济发展与环境保护均具有诸多现实意义。

（一）排污权资产证券化有利于推进河北省排污权市场的发展

在宏观层面，排污权资产证券化在控制污染物总量排放、有效保护环境的前提下为金融市场提供了新的投资工具，能降低金融风险，促进经济和环保产业的发展。在微观层面，开展排污权资产证券化可以增强企业的流动性，扩大企业闲置资源的变现途径，优化资产负债匹配结构；另一方面排污权资产证券化可以打破行政区划限制，为企业提供更广阔的交易和融资平台。

（二）排污权资产证券化对资本市场具有推动作用

排污权资产证券化提供了新的金融市场产品，丰富了资本市场结构，将流动性较差的排污许可权转变为信用风险较低、收益较稳定的可流通证券，丰富了证券市场中的证券品种，特别是固定收益证券的品种，为投资者提供了新的储蓄替代型投资工具，这无疑会丰富市场的金融工具结构，对优化我国的金融市场结构起到重要的促进作用。

（三）排污权资产证券化对商业银行资产负债管理的促进作用

排污权资产证券化有助于商业银行优化资产负债结构，提高资产流动性，为拥有排污许可权的企业拓宽自身的融资途径，增强企业的流动性，降低对银行贷款的违约风险，从而对商业银行的资产负债管理起到促进作用。

二、排污权证券化的运作过程

首先，需设立特殊目的机构（SPV）作为资产证券化的载体，以发行资产担保证券，SPV是中介机构不能破产，具有法律上的独立性。根据我国目前的情况，可由政府出资设立的国有独资公司担当，或指定相关商业银行或其他非银行类金融机构承担此项责任。

其次，企业出售排污权。拥有剩余排污权指标的企业将排污权出售给SPV，SPV将排污权进行证券标准化，其目的在于将排污权的财产性权利与原归属企业分离开来，避免因企业的经营状况或其他意外原因而导致排污权证券购买人产生损失。

第三，组建资产池。将具有相似条件并有一定存量规模的排污权组建成排污权资产池，并对其未来可能产生的现金流收入进行估算。

第四，信用增级。发行人为了吸引更多的投资者，改善发行条件，必须使标准化证券达到一定安全等级。一般需要通过附加第三方信用或以发行人所发行证券的自身结构来提高资产支持证券的信用等级，即信用增级。充当第三方信用增级的机构多为资质状况良好的银行或保险公司，增级手段多为银行信用证或保险公司保险，使投资者在证券违约时能得到一定的补偿。

第五，发行出售证券。标准化证券经过信用评级后，承销商向投资者销售排污权支持的证券，并支付原始企业的购买价格。

第六，证券销售完毕，到交易所挂牌交易，具体流程如图13-3所示。

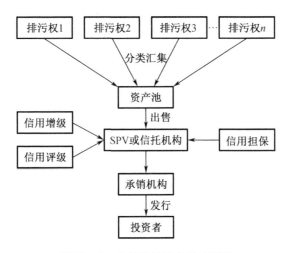

图 13-3 交易所挂牌交易流程图

由于排污权本身所具有的特性,其在证券化过程中需要对一些问题进行特殊考虑。一方面由于政府所发行的排污许可权均附有相应期限,所以其在证券化过程中必须将排污权期限作为首要的考量因素。对于此问题,排污权资产证券化过程中可以借鉴资本市场上比较完善的权证交易模式,严格区分排污权证券的最后交易日与到期日,从而保证实现排污权这一特殊资源的真实价值。另一方面排污权使用的地域性限制与排污权证券投资人广泛性之间存在矛盾。我国商品期货市场中针对期货品种的交易规则对此问题的解决提供了有益的参考。目前我国商品期货市场上所有商品合约自然人均无权持仓进入交割月,排污权证券交易规则也可效仿这一规定,对于排污权使用地域外的投资者在证券最后交易日之前必须清仓,超过最后交易日未平仓的证券,其所对应的排污权指标归政府所有。

第七节 储备借用机制

一、排污权储备借用及其作用

排污权配额的使用都有一定的时间周期,排污企业只能在这个时间周期内进行排污。时间周期可根据污染物的具体特征,有按天、按季度、按年来计算。排污权的储备指的是排污权交易企业在排放周期内将该周期内未排放完的排污权配额存留到下个周期内使用;而排污权的借用指的是排污权交易企业向下一个排放周期借用一定量的排放配额供其在这个排放周期内使用。Rubin 认为,如果排除排污权交易中出现的"时间热点",那么一个完全成本有效的排污权交易体系应具备完全的时间弹性,该系统既允许排污权存储,又允许排污权借用。RobertInnes 认为,允许排污权的存储和借用可以为排污企业提供足够有效的污染削减激励。Phaneuf 和 Requate 认为在不完全信息条件下,排污企业的总削减成本的不确定性,以及企业投资的不可逆转性致使排污权存储对于污染处理技术方面的投资具有较高的激励。

为提高政府在排污权交易市场的调控能力,应建立排污权的储备借用制度。在排污权交易市场不发达的情况下,企业无法通过市场获得排污权时,环境管理部门有一定的储备量可以为新建或改建的重点项目提供支持,可以避免企业在没有获得排污权的情况下违规生产经营的情况,也可以保证区域的排污总量控制水平。而对于退出市场的企业排污权在无法市场交易的情况下,由储备系统负责接收,不仅有利于管理部门了解总量控制的水平,而且新获得的储备量也为其他项目提供了新的排污权,不像目前退出市场的企业的排污权无法得到利用,导致环境容量资源的浪费。企业也可以利用排污权交易储备制度在各个时段储备多余的排污权,以备将来使用;或者把将来的排污权拿到当期使用,这些从将来借入的排污权可在以后的某个时段还清。

二、排污权储备借用机制的构建

排污权储备借用机制的运作主要有回购、存储和借用三个主要功能环节。河北省的排污权安排和市场建设应同时实行这三种形式的制度,因为这三种制度一脉相连,相辅相成。各级财政可安排一定的排污权储备资金,用于制度的运行,逐渐形成省、市、县三级的储备。

(一)回购交易制度

政府或有关部门可以向市场购入排污权用于储备,各级财政可安排一定的排污权储备资金。政府或有关部门储备的排污权,可直接入市出售以调控市场或用于保障重大项目建设,保障生产活动的正常进行、经济的平稳增长。回购排污权的来源主要有两个:一是闲置的排污权,排污单位出现排污权指标闲置的,闲置期如果超过一年,要向核发排污许可证的环境保护行政主管部门申报,闲置期超过三年的,其闲置的排污权指标由政府或有关部门回购;二是排污单位破产、关停、被取缔或迁出本行政区域,其初始排污权指标无偿获得的,由政府或有关部门无偿收回,作为排污权储备。排污权回购交易还可以通过市场机制来激励那些排放大户自主减排。回购交易方式可选择签订回购协议,或是定期举行排污权回购的逆向拍卖。

1. 回购协议

回购协议是指政府在初始分配排污权的同时,直接与那些主要排放企业签订一个协议,承诺于特定日期按约定的价格回购企业主动剩余的排污权。这种方法在操作上简单易行,尤其在排污权转让交易不甚活跃或其市场机制不够完善的情况下,也能使政府顺利地达到环境目标。从交易实质来看,这种回购协议是一项以排污权为标的物的期权交易,必定具有相应的价值,但如何对这种期权进行合理定价还有待进一步的研究。

2. 逆向拍卖

回购交易采用拍卖机制,买卖双方的角色与初次分配排污权进行拍卖时正好相反,此时,政府是唯一的买者,而拥有排污权的众多企业是卖方,因而称之为逆向拍卖。在逆向拍卖中,政府处于买方垄断地位,由多个卖者对买价进行投标,因此,这是能使政府以最低价格回购排污权的一种市场机制。其拍卖形式可采取英国 ETS 建议的向下叫价时钟拍卖,这种拍卖方式的最大优势在于政府能够依据最好的信息(参与者的首轮投标结果)做出恰当的预算决策,并以最少的现金激励获取企业最大的减排水平。

(二)排污权"存借"制度

厂商通过减排获得的排污权可归自己所有,在规定的时期内自己安排使用,并可出售给其他厂商,厂商也可以像存款一样把减排获得的排污权在没有交易对象时存放在"排污银行"里,可在某个时候取出来出售或使用。为了实现这一功能,河北省应设立"排污银行"机构,实施专业化运作。同时,还要制定"借用"制度,即企业在需要时,到"排污银行"借用自己存储的排污权,以备扩产、新建项目之需。

第八节 排污交易监管机制

政府在排污权交易市场中的监管职能主要有政府要监督排污权交易中介机构运作,确保中介机构合法、有序发展;在排污权交易双方成交后,政府要监督交易双方切实履行其承诺的排污责任,督促交易双方履行交易合同,并对排污权交易的结果进行评估。

一、完善排污监测体制

实现排污权交易须以实现污染物总量控制为前提,我国《中华人民共和国大气污染防治法》和《中华人民共和国水污染防治法》都规定了政府落实污染物总量控制的要求,因此政府部门应认真履行核算污染物排放总量的职责。在制度的实施过程中,主管部门应严格按确定出的本地区的环境质量目标,再根据当地环境容量核算出污染物排放的最大允许量。在法律规范中,可以具体制订总量控制的具体方案、具体行业的控制目标、详细的统计方法和技术要求等。此外,准确的总量核算数据是交易的基础,美国等国家在排污权交易中的顺利实施,在很大程度上得益于监测机制的完备。同时还应加强管理人员的业务水平和职业素养,确保对监测工作的严格执行,并建立起信息网络平台,通过发布企业的排污状况和交易情况将其纳入社会监督范围。

二、建立排污权交易跟踪系统

排污权交易跟踪系统是排污权交易计划的财务系统,是一套用来收集、确认和维护财务数据以及可交易排污所有权和交易记录的综合系统。通过交易跟踪系统可以核对排污单位间的交易情况,以确保其合法性,有利于环保主管部门掌握排污权的流动情况,加强排污权交易的管理,同时也有助于形成高效的市场机制。

三、实施企业排污的连续监测

环境管理部门要跟踪记录企业的排污在线连续监测系统,准确及时地把握排污企业的实际排污信息。如排污单位提出排污权出售申请,则政府要通过对其排污源的技术监测,核实该单位削减额外污染物的能力,在确认后才能批准出售申请。政府在行使监督职能时,还应该注意避免出现两种极端情况:一是政府主管部门对排污权交易干预得太多,剥夺了企业的自主权;二是政府主管部门对排污权交易监管的力度不够,致使排污权交易市场因缺少监管而陷于混乱。

四、积极引导公众监督

强调公众参与,要加强对环境保护的宣传,使之对目前我国紧迫的环境危机有全面的了解,充分认识到环境污染的危害,增强环境保护意识。鼓励群众采取实际行动,自觉地遵守环境保护的各项制度要求。鼓励公众通过电视、网络、报纸等传媒渠道对排污权交易的实施过程、交易成本、交易实施效果进行监督,提出合理化建议。赋予和保障公众对排污单位环境违法行为的举报权,鼓励公众积极参与对环境违法行为的监督。对跨区域的排污权交易,必须告知公众并召开听证会,听取排污权购买方所在地居民的意见和建议,允许公众参与决策过程。

第九节　本　章　小　结

尽管排放权交易的最有效运作方式是进行市场化交易和管理,但政府在其运作前期、过程以及后期的作用不可忽视。政府在排放权交易运作中的作用就是通过一定的制度安排实现外部性的内部化,即由政府的排放权交易变成企业(包括个人)间的市场交易,从而发挥市场价格发现机制的资源配置作用。具体而言,在排污权交易活动中,政府应扮演好以下三大角色,即市场引导人、市场服务人、市场监管人。在充分考虑我国现有交易市场和未来发展的情况下,参照欧美等发达国家及国内先进地区的交易市场制度。河北省应着重完善总量控制机制、初始权分配机制、交易价格机制、证券化交易机制、储备借用机制、排污交易监管机制等。

一、总量控制机制

河北省可尝试采用信用削减模式,解决总量控制难以落实的问题。信用削减模式是排污者在相同总量控制额度条件下一种更有利的经营方式。在总量控制限度方面它与总量控制模式相同,所不同的是,若排污者能通过自身的努力,在满足相同经济效益的同时削减排污指标使用量,则可以将削减部分的排污指标出售以换取经济利益。

二、初始权分配机制

与无偿分配相比,排污权的有偿分配方式不仅更为公平和高效,有利于激励排污单位自觉削减排污量,还有利于防止政府寻租。但根据目前的实践(排污权交易制度在河北省还处于起步阶段,在发展实践过程中尚存在很多问题,还没有真正形成统一的排污权交易政策体系和规范的市场),在排污权初始分配的选择上可以采取灵活的方式,前期以无偿分配为主,逐步在某些区域开展有偿分配方式,并逐步向更完善的排污权初始分配制度过渡。

三、交易价格机制

排污权交易价格体系包括排污权初始分配价格和再分配价格,即一级市场价格和二级市场价格。在一级市场上,河北省应采用免费分配和有偿分配的混合模式,并由免费分配过渡到全面有偿分配上。有偿分配采用动态拍卖机制中具有投标代理的时钟拍卖,这种拍卖方式所需时间较短、拍卖规则简单、拍卖程序易于理解和操作。在二级市场上,河北省在建立排污权转让交易市场的初始阶段,可采用报价驱动机制或双向拍卖机制;当流动性随着我国排污权交易市场的不断成熟稳步提升后,再视交易量的大小选择指令驱动机制或举行拍卖。

四、证券化交易机制

开展排污权资产证券化可以增强企业的流动性,扩大企业闲置资源的变现途径,优化资产负债匹配结构,另一方面排污权资产证券化可以打破行政区划限制,为企业提供更广阔的交易和融资平台。证券化交易的运作步骤设立特殊目的机构作为资产证券化的载体,以发行资产担保证券。该中介机构不能破产,具有法律上的独立性。

五、储备借用机制

企业可以利用排污权交易储备制度在各个时段储备多余的排污权,以备将来使用;或者把将来的排污权拿到当期使用,这些从将来借入的排污权在以后的某个时段还清。此机制的运作需要回购、存储和借用三个主要功能环节,其中,回购可选择回购协议或逆向拍卖等方式。

六、排污交易监管机制

其包括完善排污监测体制,建立排污权交易跟踪系统,实施企业排污的连续监测,积极引导公众监督等。

第十四章 河北省排污权交易体系建设的政策措施及结论

在环境保护的各种政策手段中,排污权交易对市场机制的利用最充分,如果条件合适,它可以对环境保护起到积极的作用。但是,也正因为排污权交易有赖于市场机制,在这种交易中就应该注意防止转嫁环境污染、冲击"污染者付费"的原则、逃避污染者应该承担的责任。因而,采用这种手段需要一系列保障条件。针对河北省的排污权交易,应进一步发挥政府宏观调控作用、加强排污企业治理责任、培育排污权交易市场等一系列措施,以保障交易体系的顺利实施。

第一节 政 策 措 施

一、修改完善有关法规和法律

交易成本是利用市场机制来控制环境污染,使受控点环境达到质量标准,并且使污染物削减的总费用最小,这就要求政府制定相应的边界法规,从法律上约束和促进排污权交易向经济有效性方向推进,如制定超总量排污价格,超标准排污价格等必须明显高于相应污染物削减处理的平均费用。这种高价格的制定,使排污单位出于自身经济利益考虑寻找较经济的污染物削减方法。

二、注重与其他环境管理政策的结合

在河北省排污权交易建立的初期,现实中排入水环境的污染因子众多,如果单纯依靠排污权交易,可能使得企业将其他的有害物质合法地随着废水进入环境,会对水环境造成更大的危害。因此,排污权交易制度和其他的环境管理政策应同时存在,尤其要和排污收费制度相结合。若仅靠传统和单一的环境管理手段,要有效合理地实施排污权交易显得尤为困难,应当结合我国的实际,允许多种环境经济管理手段并存。排污收费制度与排污权交易各有优点和不足,排污收费制度可以用来加强排污权交易制度,两者结合起来可以更加有效地达到减排目的。

三、强化排污权交易的技术支撑

排污权的交易需要强有力的技术支撑,整个体系运行涉及大量的信息数据和技术,包括排污总量检测数据、排污许可证管理情况、排污权交易信息等资料,以及环境承载能力的确定、污染物总量计算等技术。因此,必须建立相应的排污权交易的技术支撑系统,包括软件、硬件的配备。进一步了解更大范围、更多环境容量,掌握区域内污染排放与环境质量的输入响应关系,更准确地判别排污权交易及调控管理措施对环境质量的影响程度。要加强

对排放污染物许可证的管理,及时掌握排污权变更情况、排污权的使用情况、排污权指标的储存情况等,为排污权的交易提供相应的信息资料。要推广排污总量连续监测技术和实用的优化检测技术,扩大 COD 在线监测仪、流量计、计算机数据采集与处理系统等的使用,增强环境监测的准确性和可靠性。

四、构建排污权交易的信息平台

政府在交易平台的建设中,一是应监督组建专业的排污权交易中介机构,负责提供交易信息、进行交易经纪、调整排污指标、评估环境影响、换发排污许可证、办理排污权储存和借贷等。二是应建立高效的交易信息平台。从美国等国的排污交易实践来看,曾出现因信息不充分而导致高交易费用的情况。因此,在构建排污权交易市场时应注意利用信息技术的发展成果,建立起具有专业化信息系统的信息平台,收集、管理、发布完善的交易信息,包括排污权、排污水平、排污权的供给与需求关系等基础性信息,以及环境政策趋势、交易价格动态情况、预期的价格走势等,以及为达成排污权交易与各厂商讨价还价的信息。三是促进交易平台专门化和专业化,强调对企业的服务职能和管理职能。当交易市场成熟后,政府部门应逐渐淡出排污权交易具体过程,淡化政府角色。

目前,河北省排污权储备管理中心已经挂牌成立,制定了《河北省主要污染物排放权交易电子竞价规则(试行)》,完善了"河北环境能源交易所排污权交易电子竞价系统"。河北省排污权储备管理中心可继续发挥这一平台作用,对其职能、职责要做出明确规定。排污权储备管理中心接受省环保厅管理,主要负责二级市场的排污权交易,如代理各市的排污权经纪业务、调整排污权指标、换发排污许可证、监督各地市的排污状况等。中心要建立排污权交易网站,及时公布初始排污权的分配情况及城市二氧化硫排放情况。不同城市的企业可以根据该网站发布的信息了解本地区及本行业排污权利用状况,据此做出买卖排污权或者重新规划企业战略的决策。

随着排污权交易市场的发展和成熟,河北省排污权储备管理中心的职能也应不断完善。该中心除了上述提到的功能外,还可以组织多种形式的排污权交易,不仅可以拍卖排污权,而且可以将排污污权用于抵押、借贷和储存等,这样,排污权储备管理中心的中介作用将大大强化,排污权交易的市场作用也将日益凸显。

五、加强监控和惩罚力度

对排放量的准确监控是排污权交易的前提,排污量只有得到监控和计量,才能在交易中以商品的形式存在,准确的监控也是保障排污权交易公平、公正的关键。目前在河北省建立起一套完善的监控体系,是推进排污权交易健康发展的当务之急。应建立以计算机网络为平台的监测系统,提高数据的准确性,将企业的排污情况和排污权交易情况置于政府和环保部门的监督和宏观调控之下。对于没有取得排污权的企业,坚决禁止排污,并课以重罚甚至吊销工商营业执照等处罚方式,建立起以市场手段为主、法律手段和行政手段为辅的一整套综合治理体系。

第二节 结 论

排污权交易就是把排污权作为一种商品进行买卖的一种交易方式,以满足对环境污染物排放的管理和控制,是一种以市场为基础的控制策略。其理论基础为产权理论、交易费用理论、外部性理论及公共产品理论等。排污权交易体现了环境容量资源的商品化,实现了排污许可制度的市场化,通过交易在市场机制的引导作用下,实现对环境容量这一稀缺资源在污染排放主体间的重新配置。其首要目的不是减少污染排放量,而是使减少特定污染排放量的社会减排成本最小化,能够有效降低政府部分管理成本。

排污权既是一种行政许可,又是一种商品,同时附有公共物品的性质。在其行使过程中,必须追求"权利享有"的平等性原则,即一方面要考虑排污主体获得该权利的公平性问题,同时,也要保障除排污主体以外的其他利益相关主体的利益。由于环境容量资源具有流动性,在构建排污权交易体系时还要注意环境容量的地区差异性及跨区域利益或权益协调问题。排污权的多重属性将众多社会、经济、环境等主体或要素紧密联系在一起,使得排污权交易系统具有复杂性的特征,主要体现在多主体行为造成的复杂性、系统层次性造成的复杂性、系统开放性造成的复杂性。因此,在设计、实施或评价排污权交易时,必须将所涉及主体利益作为逻辑起点。

排污权交易体系包括排污权分配系统、排污权转让系统、排放检查系统和排放权交易调控系统。每个子系统是相对独立的,但又相互统一、彼此关联。初始权分配系统是进行排污权交易的前提,它涉及区域总量目标的确定、排污许可初始分配的模式和方法选择及排污权的核定。排污权转让系统是排污权交易的关键,它包括排污权市场的建立、排污权交易市场运作规则以及排污权交易市场运作程序。排放检查系统是开展排污权交易的支撑,它涉及污染物排放的监测、总量的审核和排污情况的监督。调控系统是顺利开展交易活动、实现排污权交易总量目标的保证,它涉及排污权交易的全过程。

2010 年,河北省开始实施排污权交易,明确规定了交易的基本原则、战略定位、指标来源、交易方式及交易的全过程管理,并探索了交易管理新模式,鼓励主要污染物年度许可排放量在改善生态环境质量的前提下跨区流转,在沿海隆起带(主要包括秦皇岛、唐山、沧州 3 市)试点区域,重点开展化学需氧量、二氧化硫排污权有偿使用和交易。河北省在推进试点中取得一些经验,但是排污权有偿使用和交易作为一项新政策,还有许多问题,如总量控制难以落实,初始排污权分配不合理,排污权定价方式单一,排污权储备制度缺失,排污权交易市场化程度较低及企业排污权交易动力不足等。

排污权交易系统中涉及众多异质主体,如排污企业、管制者、公众等,都是具有高度智能性、自主性、目的性与自适应性的异质主体。其中,排污企业作为排污权交易制度发挥作用的核心主体,具有多种环境行为选择。较典型的行为有污染治理行为与排污权交易行为的选择,治理行为与生产经营调节行为的选择及排污权分配中的策略性行为等。

企业是否愿意参与排污权交易,关键取决于实施排污权交易成本的高低。如果交易费用过大、程序过复杂、时间过长,就会影响交易效率,就可能形成新的成本效率均衡点、降低排污权交易的市场成交量、压抑排污权交易的供给与需求。影响排污权交易中交易成本的关键变量是资产专用性、不确定性和交易频率。参加交易的厂商数量越少,排污权的细化程度越高,排污权使用的时间、空间限制程度越高,交易成本就越高;交易的不确定性越高,排污权的交易成本就越高;交易市场越大,频率越高,交易成本就越低。

为了提高排污权交易的有效性,排污权市场建设者应该致力于减少边际交易成本。高交易成本产生的原因可以归纳为不确定性(风险因素)、有限理性(信息因素)、市场势力(垄断因素)及政府管制等。在排污权交易制度的建立和运行过程中,可以通过提供充分的市场信息、限制垄断、减少政府管制等方法来降低交易成本,促进市场的发展。

二级市场上企业间的价格策略会直接影响交易的整体效率。随着产品产量的增加,产品的单价将越来越低,产量增加给企业所带来的边际收益递减;对于超污企业和低污企业来说,产量所带来的边际收益与其排污系数呈负相关关系。两企业只要不断降低排污系数,才有可能使增加产品产量所带来的边际收益递增。同时,要保证排污权交易的成功,必须采取一种定价策略,使得两企业都认为有利可图,共同遵守交易规则。最好的情况是两企业达成协议,将排污权全部分配给治污率低的企业,让治污率(治污成本)高的企业削减污染,这样将节省的治污成本在两企业之间平分,双方都获得了福利,实现帕累托最优。

排污权交易市场上企业市场势力的存在可能对排污权交易带来破坏。当具有市场势力企业的排污权价格需求弹性越小时,排污权价格偏离完全竞争价格的程度也就越大。对于"价格接受者"企业来说,存在市场势力时,出售剩余排污权所产生的收益将小于完全竞争条件下所得收益。

从国内外的实践来看,河北省在排污权交易时要注意降低排污权交易成本,推进交易政策法制化,实行初次分配有偿化,科学定位政府角色,健全监督管理机制等。

在排污权交易活动中,政府应扮演好以下三大角色,即市场引导人、市场服务人、市场监管人。河北省在充分考虑我国现有交易市场和未来发展的情况下,参照欧美等发达国家以及国内先进地区的交易市场制度,应着重完善总量控制机制、初始权分配机制、交易价格机制、证券化交易机制、储备借用机制、排污交易监管机制等。

为推动河北省排污权交易顺利实施,应进一步发挥政府宏观调控作用,修改完善有关法规和标准,注重排污权交易与其他环境管理政策的有机结合,强化排污权交易的技术支撑,构建排污权交易的信息平台,加强监控和惩罚力度等。

本书通过厂商行为、国内外典型经验的分析,提出了完善河北省排污权交易的制度框架,但仍属于探索性研究,其中还存在不完善之处,有待在进一步的研究中继续补充。

(1)从更多视角来审视排污权交易体系构建的原则,建立包含消费者、公众等自主主体以及竞争性、垄断性等产品市场环境的排污权交易系统演化模型,研究不同实施方案下相关主体收入分配效应以及系统整体演化趋势等,为优化排污权交易机制设计提供政策依据。

(2)深入分析排污权市场价格的预测机制。由于排污权交易系统是一个开放系统,其在运行中受到产成品市场、原材料市场、能源市场等方面的影响,排污权价格在现实中表现出极强的波动性与不确定性。因此,有必要深入分析市场价格的形成机理,将系统运行数据与外部社会经济系统运行情况进行关联,为政府与企业前期决策提供理论支持。通过定性与定量相结合、人机结合的方式,建立排污权交易系统宏观尺度上的运行绩效动态评价模型,在此基础上,开展对于排污权交易系统运行状态的跟踪评价、风险识别等。

参考文献

[1] 刘家顺,王广凤.基于"生态经济人"的企业利益性排污治理行为博弈分析[J].生态经济,2007(3):63-66.

[2] 王广凤,吴红霞,孙凤芹.低碳经济背景下区域主导产业的选择研究[J].商业经济研究,2015(15):115-116.

[3] 张修,王广凤.河北省碳排放、能源消费与经济增长的实证研究:基于 VAR 模型[J].产业与科技论坛,2017,16(5):89-91.

[4] 王广凤,张立华,昌军.低碳发展的影响因素:基于结构方程模型的分析[J].企业经济,2014(8):36-39.

[5] 王广凤,许彦,吴红霞.基于低碳视角的河北省战略性新兴产业发展对策研究[J].煤炭经济研究,2013,33(5):44-46.

[6] 朱洪瑞,牛楠,刘家顺,等.基于"三链"协同的资源型产业链延伸研究[J].商业经济研究,2016(6):195-196.

[7] 李忠华,孙凤芹,李南,等.我国煤炭产业转型升级实践探讨:基于国际视域[J].改革与战略,2017,33(4):126-130.

[8] 孙凤芹,李忠华.河北省发展低碳经济的现状及对策[J].经济导刊,2011(12):84-85.

[9] 刘家顺,朱轶斌,朱洪瑞.两部门经济体低碳运行长期均衡的决定及路径分析[J].企业经济,2015(4):11-15.

[10] FENGQIN SUN, HONGRUI ZHU, ZHUQING WANG. Argumentation model of low carbon industry competitiveness based on temporal and spatial multidimensional big data stream [J]. Boletín Técnico, 2017,55(7):402-410.

[11] FENGQIN SUN, ZHUQING WANG, ZHONGHUA LI. A tax dynamic clustering method based on weak convergence sequence coefficient[J]. Boletín Técnico, 2017,55(5):216-223.

[12] FENGQIN SUN, HONGRUI ZHU, YAPING XU. Cultivation of innovation capability in science and technology finance taking the rule matrix restraint into consideration [J]. Boletín Técnico,2017,55(13):301-309.

[13] 朱洪瑞,孙凤芹,赵国鸿.经济新常态下资源型城市发展研究[M].武汉:湖北科学技术出版社,2016.

[14] KINZIG A P, DANIEL M K. National trajectories of carbon emissions of proposals to foster the transition to low-carbon economics[J]. Global Environmental Change,1998,5(12):183-208.

[15] 庄贵阳.低碳经济:气候变化背景下中国的发展之路[M].北京:气象出版社,2007.

[16] 潘家华.怎样发展中国的低碳经济[J].绿叶,2009(5):61-65.

［17］王可强.基于低碳经济的产业结构优化研究［D］.长春:吉林大学,2012.

［18］鲍健强,苗阳,陈锋.低碳经济:人类经济发展方式的新变革［J］.中国工业经济,2008(4):153－160.

［19］付允,马永欢,刘怡君,等.低碳经济的发展模式研究［J］.中国人口·资源与环境,2008,18(3):14－19.

［20］郑立群,陈伟伟,张宇.区域低碳发展影响因素的结构方程模型分析［J］.河南科学,2013(1):108－112.

［21］任福兵,吴青芳,郭强.低碳社会的评价指标体系构建［J］.科技与经济,2010,23(2):68－72.

［22］付加锋,庄贵阳,高庆先.低碳经济的概念辨识及评价指标体系构建［J］.中国人口·资源与环境,2010,20(8):38－43.

［23］马军,周琳,李薇.城市低碳经济评价指标体系构建:以东部沿海6省市低碳发展现状为例［J］.科技进步与对策,2010,27(22):165－167.

［24］肖翠仙,唐善茂.城市低碳经济评价指标体系研究［J］.生态经济,2011(1):45－48.

［25］任卫峰.低碳经济与环境金融创新［J］.上海经济研究,2008,13(3):38－42.

［26］ANA Y, SIYUAN D , QINGQING H. Technology selection in the development of low-carbon industry in Hebei province［J］. Information Management, Innovation Management and Industrial Engineering, 2013(12):598－600.

［27］LI Z, YU Y,WANG S. How the deadline of reducing emission commitment influence the low carbon industry finance［J］. Computational Sciences and Optimization, 2011(12):1155－1159.

［28］XU J, JING X,YAO L. Simulation and optimization of one low-carbon poly-silicon industry production chains using sd-fccm in world natural and cultural heritage areas:A case study in China［J］. Systems Journal,2014,8(4): 1203－1215.

［29］QU X, XIE R,LIU C. The choice of leading industries under low-carbon constraint in hunan province ［J］. Business Intelligence and Financial Engineering, 2013 (3): 343－347.

［30］WEI WEI, YUANJING JING,ZHANG QIONG. An empirical study on factors influencing low carbon technology diffusion to hotel industry［J］. Puerto Vallarta, 2012(6): 1－4.

［31］HUANG Q Y,SHAO Z H. Strategies to upgrade manufacturing industries in Taizhou from the perspective of low carbon economy［J］. Communications and Control (ICECC), 2011(2):3336－3338.

［32］WEI L,DAN S. The comparison of development of Sino-US low-carbon power industry［J］. Electric Engineering and Computer (MEC), 2011(4):134－137.

［33］VITHAYASRICHAREON P, MACGILL I F. Generation portfolio analysis for low-carbon future electricity industries with high wind power penetrations［J］. PowerTech, 2011(12): 1－6.

［34］鲍健强,苗阳,陈锋.低碳经济:人类经济发展方式的新变革［J］.中国工业经济,2008

(4):153 - 160.

[35] 杨敏.海西现代产业体系的形成机制及构建策略研究[J].科技和产业,2011(1):33 - 37.

[36] 王国平.发展方式实质性转变与现代产业体系的构建[J].国家行政学院学报,2011(5):42 - 46.

[37] 张冀新.城市群现代产业体系形成机理及评价研究[D].武汉:武汉理工大学,2009.

[38] 张耀辉.传统产业体系蜕变与现代产业体系形成机制[J].产经评论,2010(1):12 - 20.

[39] 何雄浪,马永坤,恩佳.低碳经济下战略性新兴产业发展研究:基于层次分析法的价值指标评析[J].当代经济管理,2011(9):41 - 46.

[40] 李赶顺.河北省战略性新兴产业的培育与发展创新研究[J].河北学刊,2011(5):201 - 205.

[41] 陈晓永,张会平.河北省战略性新兴产业 SWOT 态势分析[J].经济论坛,2011(10):39 - 40.

[42] 于刃刚.低碳经济与河北省产业结构调整[J].河北经贸大学学报,2011(5):74 - 79.

[43] 姚峰,范红辉,王建涛,等.促进河北省培育和发展新兴产业的路径和对策[J].经济论坛,2012(4):39 - 41.

[44] 杨小凯.经济学原理[M].北京:中国社会科学出版社,1996.

[45] GOULDER L,PARRY I,WILLIAMS R. The cost-effectiveness of alternative instruments for environmental protection in a second-best setting[J]. Journal of Public Economics,1999,72(3):329 - 360.

[46] FULLERTON D, METCALF G. Environmental controls, scarcity rents, and pre-existing distortions[J]. Journal of Public Economics,2001(80):249 - 267.

[47] MILLIMAN S R,PRINCE R. Firm incentives to promote technological change in pollution control[J]. Journal of Environmental Economics and Management, 1989(17): 247 - 265.

[48] CRAMTON P,KERR S. Tradeable carbon permit auctions:How and why to auction not grandfather[J]. Energy Policy,2002(30):333 - 345.

[49] DUGGAN J, ROBERTS J. Implementing the efficient allocation of pollution [J]. The American Economic Review,2002,92(4):33 - 45.

[50] TIETENBERG T. Ethical influences on the evolution of the US tradable permit approach to air pollution control[J]. Ecological Economics,1998,24(2):241 - 257.

[51] 王勤耕,李宗恺.总量控制区域排污权的初始分配方法[J].中国环境科学,2000(1):68 - 72.

[52] 李寿德,仇胜萍.排污权交易思想及其初始分配与定价问题探析[J].科学与科学技术管理,2002(1):69 - 72.

[53] 黄桐城,武邦涛.基于治理成本和排污收益的排污权交易定价模型[J].上海管理科学,2004(6):34 - 36.

[54] 施圣炜,黄桐城.期权理论在排污权初始分配中的应用[J].中国人口·资源与环境,

2005(1):52 – 55.

[55] 支海宇.排污权交易及其在中国的应用研究[D].大连:大连理工大学,2008.

[56] 王乖虎,万继伟,辛国兴.区域污染源排污总量分配方案初探[J].环境科学与管理,2010(2):9 – 12.

[57] 张琪,邹坤.排污权定价机制初探[J].环境科技,2010(1):61 – 63.

[58] 林云华,严飞.初始排污权免费分配对市场结构和市场效率的影响[J].三峡论坛(三峡文学·理论版),2010(2):102 – 105.

[59] 肖江文,赵勇,罗云峰,等.寡头垄断条件下的排污权交易博弈模型[J].系统工程理论与实践,2003,23(4):27 – 31.

[60] 李寿德,王家祺.初始排污权免费分配下交易对市场结构的影响[J].武汉理工大学学报:信息与管理工程版,2003,25(5):122 – 125.

[61] 王学山,虞孝感,王玉秀.区域排污权交易模型研究[J].中国人口·资源与环境,2005,15(6):62 – 66.

[62] 李芳,黄桐城,顾孟迪.排污权交易条件下有效控制厂商违规排污行为的机制[J].系统管理学报,2006,15(6):495 – 498.

[63] 李寿德,刘敏.排污权交易条件下厂商最优污染治理投资策略研究[J].云南师范大学学报:自然科学版,2007,27(3):47 – 49.

[64] 李寿德,刘敏.基于排污权交易的厂商超额排污补偿机制及其效率分析[J].云南师范大学学报:自然科学版,2008,28(1):61 – 65.

[65] 黄桐城,黄采金,李寿德.实施排污权交易制度的最优时机决策模型[J].系统管理学报,2007,16(4):422 – 425.

[66] 安丽,赵国杰.排污权交易评价指标体系的构建及评价方法研究[J].中国人口·资源与环境,2008,18(1):89 – 93.

[67] 沈满红.排污权交易机制研究[M].北京:中国环境科学出版社,2009.

[68] 张学平.排污权交易制度的分析[D].长春:吉林大学,2007.

[69] MARSHALL A. Principles of Economics[M]. London:Macmillan, 1920.

[70] 姚从容.产权、环境权与环境产权[J].经济师,2004(2):20 – 21.

[71] 亚当·斯密.国民财富的性质和原因的研究[M].北京:商务印书馆,1974.

[72] 金帅.基于计算实验的排污权交易研究[D].南京:南京大学,2011.

[73] 马中,DAN DUDEK,吴健,等.论总量控制与排污权交易[J].中国环境科学,2002,22(1):89 – 92.

[74] 李寿德.排污权交易市场秩序的特征、功能与制度安排[J].上海交通大学学报:哲学社会科学版,2006(2):47 – 52.

[75] 顾孟迪,李寿德.交易成本条件下排污权市场的均衡、初始排污权分配的效率与厂商行为分析[J].数学的实践和认识,2006(5):48 – 53.

[76] BAUMOL W, OATES W E. The theory of environmental policy[M]. Cambridge:Cambridge University Press, 1988.

[77] CHEUNG S N. Transaction costs, risk aversion and the choice of contractual arrangements

[J]. Journal of Law and Economics, 1975(18): 535 – 554.

[78] BOHI D R, BURTRAW D. Utility investment behavior and the emission trading market [J]. Resource Energy, 1992(14): 129 – 153.

[79] DUKE D J, WIENER J B. Joint implementation, transaction costs, and climate change [J]. OECD Economic Outlook, 1996(173): 1 – 69.

[80] STAVINS R N. Transaction costs and tradable permits [J]. Journal of Environmental Economics and Management, 1995, 29(2): 133 – 148.

[81] 李寿德,程少川,柯大钢. 我国组建排污权交易市场问题研究[J]. 中国软科学,2000 (8):19 – 24.

[82] 黄宇健. 影响中国排污权市场交易意愿因素的实证分析[D]. 广州:暨南大学,2010.

[83] FOSTER V, HAHN R W. Designing more efficient markets: Lessons from Los Angeles smog control [J]. Journal of Law and Economics,1995(1):19 – 48.

[84] 赵海霞. 试析交易成本下的排污权交易的最优化设计[J]. 环境科技与技术,2006(5): 45 – 48.

[85] 王家祺,范丹. 寡头垄断市场中的排污权交易分析[J]. 系统工程理论方法应用,2006 (10):405 – 408.

[86] VAN E H, WEBER M. Marketable permits, market power, and e heating[J]. Journal of Environmental Economies and Management,1996,30(2):161 – 173.

[87] HAHN R W. Market power and transferable property rights[J]. Quarterly Journal of Economics,1984,99(10):753 – 765.

[88] 赵宪伟,沈照理,张焕祯,等. 河北省 COD 排放趋势分析及减排对策研究[J]. 南水北调与水利科技, 2010, 8(3):65 – 67.

[89] 邢国军. 唐山排污权交易模式浅析[J]. 中国环境管理干部学院学报, 2012(1):7 – 9.

[90] 彭江波. 排放权交易作用机制与应用研究[D]. 成都:西南财经大学,2010.

[91] 付娜. 中国排污权交易的制度设计和发展对策研究[D]. 沈阳:辽宁大学,2001.

[92] STAVINS. Transaction cost and tradeable permits[J]. Journal of Environmental Economics and Management,1995(29):133 – 147.

[93] CASON. An experimental investigation of the seller incentives in EPA's emission trading auction[J]. American Economic Review, 1995(85):905 – 922.

[94] 骆秋生. 我国实施排污权资产证券化问题研究[J]. 商业会计,2011(8):11 – 12.

[95] 庄贵阳. 中国经济低碳发展的途径与潜力分析[J]. 国际技术经济研究, 2005,8 (3):8 – 12.

[96] 王成勇. 基于市场支配力的排污权交易研究[D]. 广州:华南理工大学,2011.

[97] RUBIN J. A model of intertemporal emission trading,banking and borrowing[J]. Journal of Environmental Economics and Management,1996,31(3):269 – 286.

[98] INNES R. Stochastic pollution,costly sanctions,and optimality of emission permit banking [J]. Journal of Environmental Economics and Management,2003(45):546 – 568.

[99] PHANEUF D J, REQUATE T. Incentives for investment in advanced pollution abatement

technology in emission Permit markets with banking [J]. Environmental and Resource Economics,2002(22):369-390.

[100] 廖卫东.中国排污权市场建设的制度优化[J].管理世界,2003(11):139-140.

[101] 周伟.北京构建现代产业体系的路径选择和政策建议[J].经济研究参考, 2012(59): 60-62.

[102] 未江涛.再工业化背景下天津现代产业体系的构建[J].求知,2014(5):55-57.

[103] 桂丽雯.广东构建现代产业体系的思路和对策[J].经济研究导刊,2009(7):20-21.

[104] 史宝娟,霍晓姝,武志勇.河北省现代产业体系发展对策分析[J].科技和产业,2011 (2):25-28.

[105] 牛竹梅,乔翠霞.加快山东省现代产业体系建设的思路与对策[J].理论学刊,2010 (1): 36-39.

[106] 陈璟,牛慧恩.区域产业政策实施机制及其应用探讨[J].地域研究与开发,1999,18 (4):33-36.

[107] 张昊.现代产业体系辨析及构建路径研究[J].商业文化(下半月),2012(4):146.

[108] 周权雄,罗莉娅.现代产业体系的构建模式、路径与对策[J].探求,2013(4):71-76.

[109] 谢雄标,熊艳.资源密集型地区构建现代产业体系的路径研究[J].理论月刊,2013 (11):134-136.

[110] 张建斌.资源型产业集群可持续发展的路径选择:基于生态学产业集群"S"型增长模型的思考[J].科技进步与对策, 2012, 29(19):51-54.

[111] 刘广生,孟娜.石油资源型城市产业结构升级研究[J].河南科学,2013(9): 1530-1534.

[112] 孟影.基于低碳经济的产业结构优化研究[D].北京:北京交通大学, 2011.

[113] 林巍.河北省现代产业体系与区域经济中心形成机制研究[J].特区经济,2010(12): 61-62.

[114] 刘鸿霄.低碳经济下资源型城市主导产业选择研究[D].大庆:东北石油大学,2012.

[115] 刘洋,刘毅.东北地区主导产业培育与产业体系重构研究[J].经济地理, 2006(1): 50-54.

[116] 张会军,田学斌.对构建河北省现代产业体系的思考[J].经济论坛,2010(3): 137-139.

[117] 方姝亚.河南省现代产业体系构建及 Malmquist 指数分析[D].郑州:郑州大学, 2013.

[118] 杜吉明.煤炭资源型城市产业转型能力构建与主导产业选择研究[D].哈尔滨:哈尔滨工业大学,2013.

[119] 于凯生.我国矿产资源型城市主导产业选择分析[J].赤峰学院学报:自然科学版, 2008(4):20-22.

[120] 詹懿.中国现代产业体系:症结及其治理[J].财经问题研究,2012(12):31-36.

[121] 王松涛.资源型产业集群可持续发展的动力学模型研究[D].青岛:中国海洋大学,2008.

[122] 谢链锋. 低碳约束下湖北省产业结构调整研究[D]. 武汉:华中科技大学,2010.

[123] 陈静. 河北省低碳产业结构研究[D]. 石家庄:石家庄经济学院,2011.

[124] 李海娟. 基于低碳经济视角的陕西省产业结构调整研究[D]. 西安:西安建筑科技大学,2012.

[125] 杨雁. 美国的区域经济发展与产学研合作[J]. 宜宾学院学报,2008(9):71 - 73.

[126] 朱桂龙,彭有福. 产学研合作创新网络组织模式及其运作机制研究[J]. 软科学,2003(4):49 - 52.

[127] 陈培樗,屠梅曾. 产学研技术联盟合作创新机制研究[J]. 科技进步与对策,2007,24(6):37 - 39.

[128] 王雪原,王宏起,刘丽萍. 产学研联盟运行机制分析[J]. 中国高校科技与产业化,2006(3):71 - 73.

[129] 姜大棚,顾新. 我国战略性新兴产业的现状分析[J]. 科技进步与对策,2010(9):65 - 70.

[130] TAPIO P. Towards a theory of decoupling:Degrees of decoupling in the EU and the case of road traffic in Finland between 1970 and 2001[J]. Journal of Transport Policy,2005(12):137 - 151.

[131] FRIDEL B,GETZNER M. Determinants of CO_2 emissions in a small open economy[J]. Ecological Economics,2003,45(1):133 - 148.